"Wie

man

leicht

zeigt…"!

Mathematik

Ein paar weitere Skizzen, Einsichten, Perlen und Edelsteine, oder einfach ein paar Gute–Nacht–Geschichten mit Mathematik!

P.S.: Es ist statistisch belegt:
12 von 8 Menschen sind mit Mathematik total überfordert.

Mit besten Dank an Wikipedia für die Lebensdaten einiger Mathematiker:

H.U. Keller

Inhaltsverzeichnis

Inhalt

Über den Autor

Hans Ulrich Keller wurde am 10. Mai 1949 in Rüti–ZH (Schweiz) geboren. Nach der Primarschule in Rüti und der Matura Typus B an der KZO Wetzikon begann er 1980 sein Studium der Physik und Mathematik an der Universität Zürich, das er mit dem Diplom in Experimentalphysik sowie den Diplomen für das Höhere Lehramt in Mathematik und in Physik abschloss.

Am Institut für Biomedizinische Technik der ETH und der Universität Zürich entstand in den Jahren 1975 bis 1979 seine Dissertation zum Thema Computertomographie.

Seit dem Jahre 1980 unterrichtete er an der Kantonsschule Zürcher Oberland (KZO) in Wetzikon Mathematik, Physik und Informatik, und ab dem Jahre 2007 bis zu seiner Pensionierung 2014 die gleichen Fächer am Mathematisch Naturwissenschaftlichen Gymnasium (MNG) in Zürich.

Während dieser Unterrichtszeit, aber auch danach, traf er immer wieder auf interessante mathematische und physikalische Probleme, Fragestellungen und Zusammenhänge, deren Darstellung und Auflösung er – immer auf einer einzigen Seite – didaktisch geschickt und mit viel Humor aufgeschrieben hat, woraus eben das hier vorliegende Buch entstanden ist.

Der Titel: "Wie man leicht zeigt..." ist die Ausrede von gewissen Mathematikern, bei einem Beweis genau die schwierigsten Teile auszulassen! Der Autor hingegen behandelt mit den vorliegenden mathematischen Skizzen, Einsichten, Perlen und Edelsteine gerade die jeweils essentiellen Aspekte ausführlich und mit der notwendigen Detailgenauigkeit, weshalb auch Nicht–Mathematiker auf diesen Seiten viele nette Erkenntnisse (oder Gute–Nacht–Geschichten!) finden werden!

Kommentare und Anregungen sind jederzeit willkommen: hukkeller@bluewin.ch .

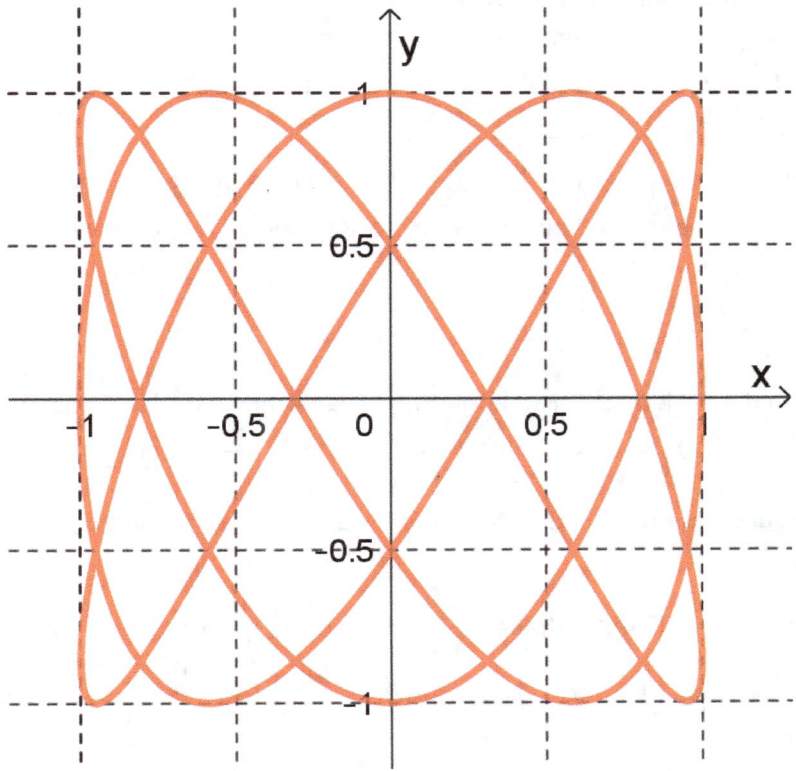

Algebraische Tricks für unendliche Terme

Wer zum ersten Mal einen unendlich langen Term wie z. B. $\sqrt{1+\sqrt{1+\sqrt{1+\sqrt{\ldots}}}}$ antrifft, wird zunächst einmal versuchen, sukzessive bessere numerische Approximationen zu finden. Als Beispiel ergeben sich für $\varepsilon = 1$ die folgenden Näherungswerte:

$$\left(\begin{array}{ccccc} \sqrt{1} & \sqrt{1+\sqrt{\epsilon}} & \sqrt{1+\sqrt{1+\sqrt{\epsilon}}} & \sqrt{1+\sqrt{1+\sqrt{1+\sqrt{\epsilon}}}} & \sqrt{1+\sqrt{1+\sqrt{1+\sqrt{1+\sqrt{\epsilon}}}}} \\ 1. & 1.4142 & 1.5538 & 1.5981 & 1.6118 \end{array} \right)$$

Für einen entsprechenden Term mit genau 10 Wurzelzeichen ergibt sich ein Näherungswert von

≈ 1.618029, was mit dem Verhältnis des Goldenen Schnittes $\phi = \dfrac{1+\sqrt{5}}{2} \approx 1.618034$ in den ersten

fünf Ziffern übereinstimmt: Dies ist tatsächlich der Grenzwert dieses Terms! Um dies zu sehen, genügt es, dem ganzen Term eine Variable w zuzuordnen, und zu realisieren, dass dann $w = \sqrt{1+w}$ gilt. Diese Gleichung hat tatsächlich die einzige Lösung ϕ.

Ein analoger Weg oder "Trick" bietet sich an für den Kettenbruch $b = \cfrac{2}{3 - \cfrac{2}{3 - \cfrac{2}{3 - \cfrac{2}{3 - \ldots}}}}$. Hier ist

$b = \dfrac{2}{3-b}$. Diese Gleichung hat die beiden Lösungen $b = 1$ und $b = 2$. Der Term schreit nach einer

Interpretation: Lässt man z. B. für die Näherungen alles vor einem der "−" – Zeichen weg, konvergiert dieser Term gegen 1; und 2 bleibt eine Triviallösung.

Für Terme wie z. B. $\sqrt{1+2\sqrt{1+3\sqrt{1+4\sqrt{1+\ldots}}}}$ hingegen scheint kein solcher Trick zu passen. Es braucht dazu wohl schon ein Genie wie Srinivasa Ramanujan, um zu beweisen, dass dieser Term gegen drei konvergiert.

Natürlich kann diese Methode nicht unbesehen angewendet werden. Sonst müsste z. B. der Term $t = 2\cdot2\cdot2\cdot2\cdot2\cdot\ldots$ der folgenden Gleichung gehorchen: $t = 2\cdot\underbrace{2\cdot2\cdot2\cdot2\cdot2\cdot\ldots}_{=t} = 2\cdot t$. Folglich müss-

te dieses Produkt, das offensichtlich bestimmt divergiert, gleich Null sein, was ein offensichtlicher Unsinn ist!

Hingegen funktioniert diese Methode wieder bestens für geometrische Reihen:

$$g = a + \underbrace{aq + aq^2 + aq^3 + \ldots}_{=q\cdot g} = a + q\cdot g \text{, mit der Lösung } g = \frac{a}{1-q}. \text{ Dass dieses Resultat aber nur für}$$

$|q| < 1$ sinnvoll ist, ergibt sich allerding nicht aus dieser Herleitung.

Die Zeta – Funktion $\zeta(x)$

Die unendliche Summe $\sum_{k=1}^{\infty} \frac{1}{k^x}$ ist von der Variablen x abhängig. Diese funktionale Abhängigkeit

ist als Riemannsche Zeta–Funktion $\zeta(x) := \sum_{k=1}^{\infty} \frac{1}{k^x}$ bekannt. Für $x=1$ ergibt sich dabei die diver-

gente harmonische Reihe. Für $x=2$ ergibt sich die Summe der Kehrwerte aller Quadratzahlen. Im
18. Jahrhundert war es ein berühmtes Problem – das "Basler Problem", den Wert dieser unendlichen
Summe zu finden, was den Mathematikern Pietro Mengoli, Jakob I Bernoulli und anderen nicht gelang. Dieses Problem wurde von Euler im Jahre 1735 gelöst. Euler hat mit der Lösung des "Basler

Problems" $\zeta(2) = \frac{\pi^2}{6}$ gefunden, und so ganz nebenbei auch noch die Werte von $\zeta(4) = \frac{\pi^4}{90}$,

$\zeta(6) = \frac{\pi^6}{945}$, $\zeta(8) = \frac{\pi^8}{9450}$, etc.! Euler fand diese Resultate durch Koeffizientenvergleiche von x^3,

x^5, x^7,… in der folgenden Gleichung:

$$\sin(x) = x - \frac{x^3}{3!} + \frac{x^5}{5!} - … + … = \underbrace{x\left(1-\frac{x^2}{\pi^2}\right)\left(1-\frac{x^2}{4\pi^2}\right)\left(1-\frac{x^2}{9\pi^2}\right)\left(1-\frac{x^2}{16\pi^2}\right)\left(1-\frac{x^2}{25\pi^2}\right)…}_{= \text{Polynom mit den gleichen Nullstellen wie die Sinusfunktion!}}$$

Der Koeffizient von x^3 ist einerseits gleich $-\frac{1}{3!}$ und andererseits auch gleich

$-\left(\frac{1}{1^2 \cdot \pi^2} + \frac{1}{2^2 \cdot \pi^2} + \frac{1}{3^2 \cdot \pi^2} + \frac{1}{4^2 \cdot \pi^2} + …\right)$, woraus $\frac{\pi^2}{6} = \frac{1}{1^2} + \frac{1}{2^2} + \frac{1}{3^2} + \frac{1}{4^2} + … = \sum_{k=1}^{\infty} \frac{1}{k^2}$ folgt.

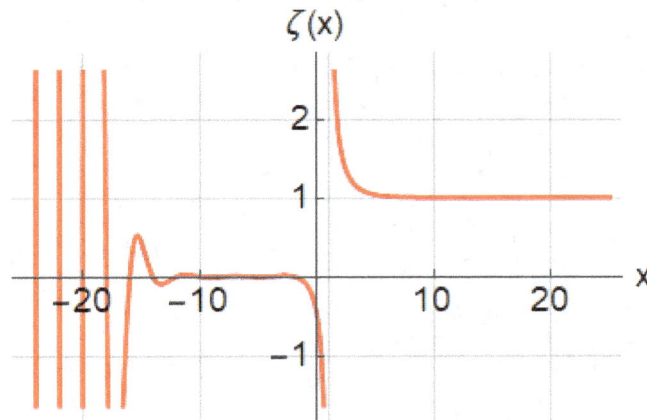

In der Figur links ist der Graph der Zeta –
Funktion wiedergegeben.

Interessant ist insbesondere, dass für $\zeta(3)$,
$\zeta(5)$, allgemein für $\zeta(2n+1)$ mit $n \in \mathbb{N}$,
keine exakten Werte bekannt sind.

Die Zeta – Funktion ist auch für komplexe
Argumente definiert. Die bis heute (Stand
Oktober 2022) unbewiesene Riemannsche
Vermutung sagt aus, dass alle nicht-trivialen
Nullstellen der Riemannschen Zeta – Funktion den Realteil haben, also auf einer gemeinsamen Gera-
den liegen. Ob diese Vermutung zutrifft, ist eines der wichtigsten ungelösten Probleme der Mathe-
matik.

Solving the Cubic!

Die Lösung der kubischen Gleichung ist historisch verbunden mit den Namen berühmter Mathematiker des 16. Jahrhundert: Gerolamo Cardano, Niccolò Tartaglia, Scipione del Ferro und Francois Viète. Hier sollen die Schritte hergeleitet werden, mit welchen die allgemeine kubische Gleichung

$ax^3 + bx^2 + cx + d = 0$ (Gl.1) gelöst werden kann, wie z. B. die Gleichung $7x^3 + 14x^2 - 35x - 42 = 0$

(Gl. 2) mit den hier noch nicht bekannten Lösungen $x_1 = 2; x_2 = -1; x_3 = -3$.

Zunächst einmal wird die allgemeine Gleichung Gl. 1 durch den Koeffizienten von x^3, also durch a,

geteilt. Das ergib die Gleichung $x^3 + \dfrac{b}{a}x^2 + \dfrac{c}{a}x + \dfrac{d}{a} = 0$ (Gl.3), oder in unserem Beispiel die Glei-

chung $x^3 + 2x^2 - 5x - 6 = 0$ (Gl. 4). Jetzt wird eine neue Variable $z := x + \dfrac{b}{3a}$ (Gl. 5) eingeführt,

wodurch $x = z - \dfrac{b}{3a}$ (Gl. 6) wird. Die ursprüngliche Gleichung Gl. 3 vereinfacht sich auf diese

$= 2/3$ imBsp.

Weise zu $z^3 + pz + q = 0$ (Gl. 7), wobei $p = -\dfrac{b^2}{3a^2} + \dfrac{c}{a}$ (Gl. 8) und $q = \dfrac{2b^3}{27a^3} - \dfrac{bc}{3a^2} + \dfrac{d}{a}$ (Gl. 9) wird.

Diese Gl. 7 hat im Beispiel die ebenfalls noch nicht bekannten Lösungen $z_1 = \dfrac{8}{3}; z_2 = -\dfrac{1}{3}; z_3 = -\dfrac{7}{3}$.

Im Beispiel ergibt sich weiter $p = -\dfrac{19}{3}$ (Gl. 10) und $q = -\dfrac{56}{27}$ (Gl. 11). Wenn nun Gl. 7 erfolgreich

gelöst werden könnte, dann ergäben sich alle drei Lösungen für z, und damit auch alle Werte für x entsprechend Gl. 6. Dazu wird als nächstes $z := u + v$ substituiert. Aus Gl. 7 folgt, dass

$z^3 = 3uvz + (u^3 + v^3)$ (Gl. 12) ist. Der Koeffizientenvergleich ergibt $uv = -\dfrac{p}{3}$ (Gl. 13) und

$u^3 + v^3 = -q$ (Gl. 14). Wird Gl. 14 quadriert, und wird dann auf beiden Seiten $4u^3v^3$ subtrahiert,

ergibt sich $u^3 - v^3 = 2\sqrt{D}$ (Gl. 15), mit $D = \left(\dfrac{q}{2}\right)^2 + \left(\dfrac{p}{3}\right)^3$ (Gl. 16). Werden die Summe und die

Differenz von Gl. 14 und Gl 15 gebildet, ergeben sich $u = \sqrt[3]{-\dfrac{q}{2} + \sqrt{D}}$ und $v = \sqrt[3]{-\dfrac{q}{2} - \sqrt{D}}$ (Gl. 16,

17). Damit sind die Lösungen für z gegeben durch:

$$z = \sqrt[3]{-\frac{q}{2} + \sqrt{\left(\frac{q}{2}\right)^2 + \left(\frac{p}{3}\right)^3}} + \sqrt[3]{-\frac{q}{2} - \sqrt{\left(\frac{q}{2}\right)^2 + \left(\frac{p}{3}\right)^3}}$$

Jede dieser dritten Wurzeln ist aber nur bis auf dritte Einheitswurzeln, also auf Faktoren

$e_0 = 1; e_1 = -\dfrac{1}{2} + i\dfrac{\sqrt{3}}{2} = cis\left(\dfrac{2\pi}{3}\right); e_2 = -\dfrac{1}{2} - i\dfrac{\sqrt{3}}{2} = cis\left(\dfrac{4\pi}{3}\right)$ definiert. Und nur 3 der 9 möglichen

Kombinationen sind tatsächlich Lösungen: $z_1 = u + v; z_2 = u \cdot e_1 + v \cdot e_2; z_3 = u \cdot e_2 + v \cdot e_1$, was dann

beim Beispiel die oben bereits angegebenen Lösungen für z, und damit auch für x, ergeben.

Ein berühmtes Integral – elementar berechnet!

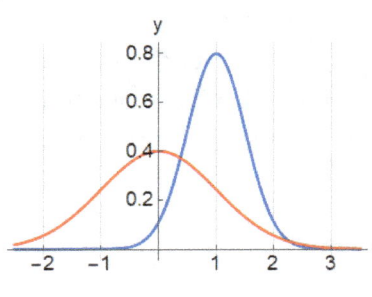

In der nebenstehenden Figur sind Graphen der Funktion

$$f(\mu,\sigma,x) = \frac{1}{\sigma\sqrt{2\pi}} \exp\left(-\frac{(x-\mu)^2}{2\sigma^2}\right)$$ wiedergegeben. Sie ent-

sprechen der Gauss'schen Normalverteilung: Rot für den Mittel-

wert $\mu = 0$ und die Standardabweichung $\sigma = 1$, blau für $\mu = 1$

und $\sigma = \dfrac{1}{2}$. Diese Funktion ist so genormt, dass für alle $\mu; \sigma\,(>0)$

das Integral $\int_{-\infty}^{\infty} f(\mu,\sigma,x)\,dx$ gleich 1 wird. Die Funktion $g(x) = \exp\left(-x^2\right)$ ist nicht elementar in-

tegrierbar, sie ist aber proportional zu $f(\mu,\sigma,x)$ für $\mu = 0$ und $\sigma = \sqrt{\dfrac{1}{2}}$. Das Integral

$I = \int_{-\infty}^{\infty} \exp\left(-x^2\right)\,dx$ könnte darum auch über diese Norm bestimmt werden. Oder aber wie folgt:

Die übliche Berechnung:

Es wird $I^2 = \int_{-\infty}^{\infty} \exp\left(-x^2\right)dx \cdot \int_{-\infty}^{\infty} \exp\left(-y^2\right)dy = \int_{-\infty}^{\infty}\int_{-\infty}^{\infty} \exp\left(-\left(x^2+y^2\right)\right)dx\,dy$ berechnet, in-

dem zu Polarkoordinaten übergegangen wird:

$$I^2 = \int_0^{\infty}\int_0^{2\pi} \exp\left(-r^2\right)\underbrace{\left(\frac{\partial(x,y)}{\partial(r,\varphi)}\right)}_{r} d\varphi\,dr = 2\pi\int_0^{\infty} \exp\left(-r^2\right) r\,dr = 2\pi\left\lfloor \frac{\exp\left(-r^2\right)}{2}\right\rfloor_0^{\infty} = \pi.$$

Das Integral I ist demnach gleich $\sqrt{\pi}$.

Elementare Berechnung ohne Polarkoordinaten:

$I^2 = 4\int_0^{\infty}\int_0^{\infty} \exp\left(-\left(x^2+y^2\right)\right)dx\,dy$. Jetzt wird substituiert: $y := t\cdot x$, mit $dy = x\,dt$, was

$I^2 = 4\int_{x=0}^{\infty}\int_{t=0}^{\infty} \exp\left(-\left(x^2+x^2t^2\right)\right)x\,dt\,dx = 4\int_{t=0}^{\infty}\int_{x=0}^{\infty} \exp\left(-x^2\left(1+t^2\right)\right)x\,dx\,dt$ ergibt. Das innere

Integral über x lässt sich – mit dem ganzen Exponenten als neue Variable u – wieder locker rech-

nen: Es ergibt $\dfrac{1}{2\left(1+t^2\right)}$. Das Integral über t wird $I^2 = 4\cdot\int_0^{\infty}\dfrac{1}{2\left(1+t^2\right)}\,dt = 4\cdot\dfrac{1}{2}\left\lfloor \arctan(t)\right\rfloor_0^{\infty} = \pi$.

Es erstaunt, dass diese abenteuerlich anmutende Substitution $y := t\cdot x$ zum richtigen Resultat führt!

Mit Rotation um die y – Achse:

Das Integralquadrat ist auch gleich dem Volumen des Rotationskörpers, der sich ergibt, wenn der

Graph der Funktion $g(x) = y = \exp\left(-x^2\right)$ um die y – Achse rotiert wird. Dies ist gleich

$$I^2 = \int_{y=0}^{1} \pi x^2\,dy = \int_{x=\infty}^{0} \pi x^2 \underbrace{\exp\left(-x^2\right)(-2x)\,dx}_{dy} = \pi.$$

Feynman's Methode: Differenzieren unter dem Integral

Mit der Methode von Feynman (**Richard Phillips Feynman** (* 11. Mai 1918 in Queens, New York; † 15. Februar 1988 in Los Angeles) war ein US-amerikanischer Physiker und Nobelpreisträger des Jahres 1965) können verschiedenste uneigentliche Integrale berechnet werden, beispielsweise das Integral

$A = \int_0^\infty \frac{\sin(x)}{x} \, dx$. Dazu wird eine Funktion

$$I(b) := \int_0^\infty \frac{\sin(x)}{x} \, e^{-bx} dx$$

mit einem nichtnegativen Parameter b definiert: Sollte $I(b)$ dann allenfalls einmal bekannt sein, dann kann das Integral A leicht als $I(0)$ gefunden werden.

Um $I(b)$ zu finden, leiten wir beide Seiten der Definition nach b ab. Dies darf unter dem Integral geschehen, warum diese Methode auch "Differentiation unter dem Integral" heisst:

$$I'(b) = \frac{\partial}{\partial b} I(b) = \int_0^\infty \frac{\sin(x)}{x} \left(\frac{\partial}{\partial b} e^{-bx} \right) dx = \int_0^\infty \frac{\sin(x)}{x} \left(e^{-bx} \cdot (-x) \right) dx = -\int_0^\infty \sin(x) \, e^{-bx} dx \ .$$

Das letzte Integral ist ohne allzu grosse Mühe zu finden: Es ist $I'(b) = \left\lfloor \dfrac{e^{-bx} \left(\cos(x) + b\sin(x) \right)}{1+b^2} \right\rfloor_0^\infty$.

Für die obere Grenze $x = \infty$ wird der Term $\lfloor ... \rfloor$ Null, und für die untere Grenze $x = 0$ wird er gleich

$\dfrac{1}{1+b^2}$, womit $I'(b) = \dfrac{-1}{1+b^2}$ wird. Die unbestimmte Integration über b ergibt nun sofort

$I(b) = -\arctan(b) + C$. Wie gross ist die Integrationskonstante C ? Dazu erinnern wir uns, dass

$I(b)$ als $\int_0^\infty \frac{\sin(x)}{x} \, e^{-bx} dx$ definiert worden war. Für $b \to \infty$ wird dieses Integral aber gleich Null.

Also muss $I(\infty) = \underbrace{-\arctan(\infty)}_{-\pi/2} + C := 0$ sein. Also ist $C = \dfrac{\pi}{2}$, und damit $I(0) = \int_0^\infty \frac{\sin(x)}{x} \, dx = \dfrac{\pi}{2}$.

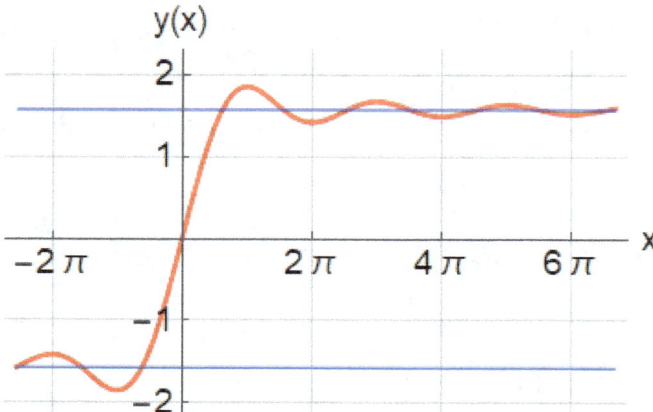

In der links wiedergegebenen Figur ist der Graph der Funktion

$$y(x) = \text{SinIntegral}(x) = \int_0^x \frac{\sin(u)}{u} \, du$$

wiedergegeben, zusammen mit den beiden asymptotischen Geraden $y(x) = \pm\dfrac{\pi}{2}$.

P.S.: Richard Feynman war genial...!

Praktikumsversuch "Schussgeschwindigkeit"

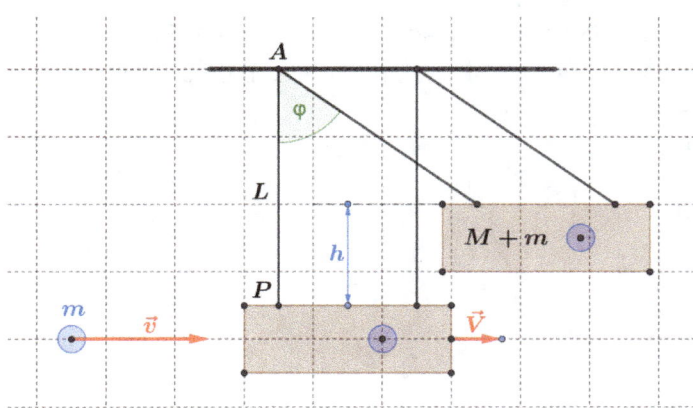

Im Physikpraktikumsversuch "Schussgeschwindigkeit" soll die Geschwindigkeit v eines abgefeuerten Projektils der Masse m gefunden werden. Dazu wird ein Projektil auf einen bifilar aufgehängten Kugelfang der Masse M abgeschossen, in welchem das Projektil stecken bleibt. Anschliessend hat der Kugelfang zusammen mit dem Geschoss eine Anfangsgeschwindigkeit V.

Dieser Vorgang entspricht in guter Näherung einem vollständig unelastischen Stoss, wofür nach dem Impulserhaltungssatz gilt: $m \cdot v = (m + M) \cdot V$. Die resultierende Anfangsgeschwindigkeit wird damit

gleich $V = \dfrac{m}{M + m} \cdot v$.

Nun dreht sich der Punkt P des Kugelfanges um einen Winkel φ um seinen Aufhängepunkt A, wodurch der Kugelfang um eine Höhe $h = L \cdot (1 - \cos(\varphi))$ angehoben wird. Die kinetische Energie

$$E_{kin} = \frac{(m + M)}{2} V^2 = \frac{(m + M)}{2} \cdot \left(\frac{m}{M + m} \cdot v \right)^2 = \frac{m^2}{2 \cdot (m + M)} \cdot v^2$$

wird dabei in die gleich grosse potentielle Energie umgewandelt:

$$E_{pot} = (m + M) \cdot g \cdot h = (m + M) \cdot g \cdot L \cdot (1 - \cos(\varphi)).$$

Die Energie $\Delta E = \left(\dfrac{m}{2} - \dfrac{m^2}{2 \cdot (m + M)} \right) \cdot v^2$ wird dabei in Wärme umgewandelt. Die Gleichung

$E_{kin} = E_{pot}$ kann nach der gesuchten Geschwindigkeit v aufgelöst werden:

$$v = v(\varphi) = \sqrt{2gL(1 - \cos(\varphi))} \cdot \frac{m + M}{m}$$

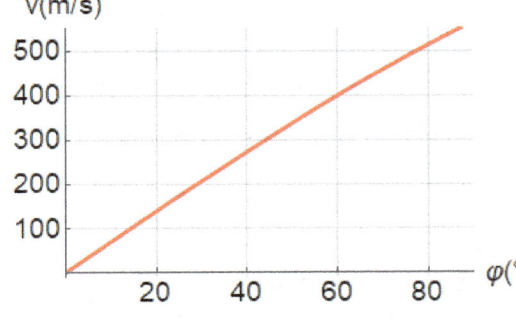

In der nebenstehenden Figur ist der Graph der Funktion $v(\varphi)$ für eine mögliche Konfiguration dieses Experiments mit $g = 10.; L = 1.; m = 0.002; M = 0.250$ (alles in SI–Einheiten) wiedergegeben.

Ein Ablesefehler von 1° beim Winkel φ ergibt einen Fehler in der berechneten Geschwindigkeit v von etwa 6 bis 7 m/s. Die anderen Grössen können mit Genauigkeiten von besser als 1 % bestimmt werden.

Das Morley – Dreieck

Frank Morley (* 9. September 1860 in Woodbridge (Suffolk), England; † 17. Oktober 1937 in Baltimore (Maryland), USA) war ein britischer Mathematiker; am wohl bekanntesten ist das von ihm entdeckte und nach ihm benannte Morley-Dreieck.

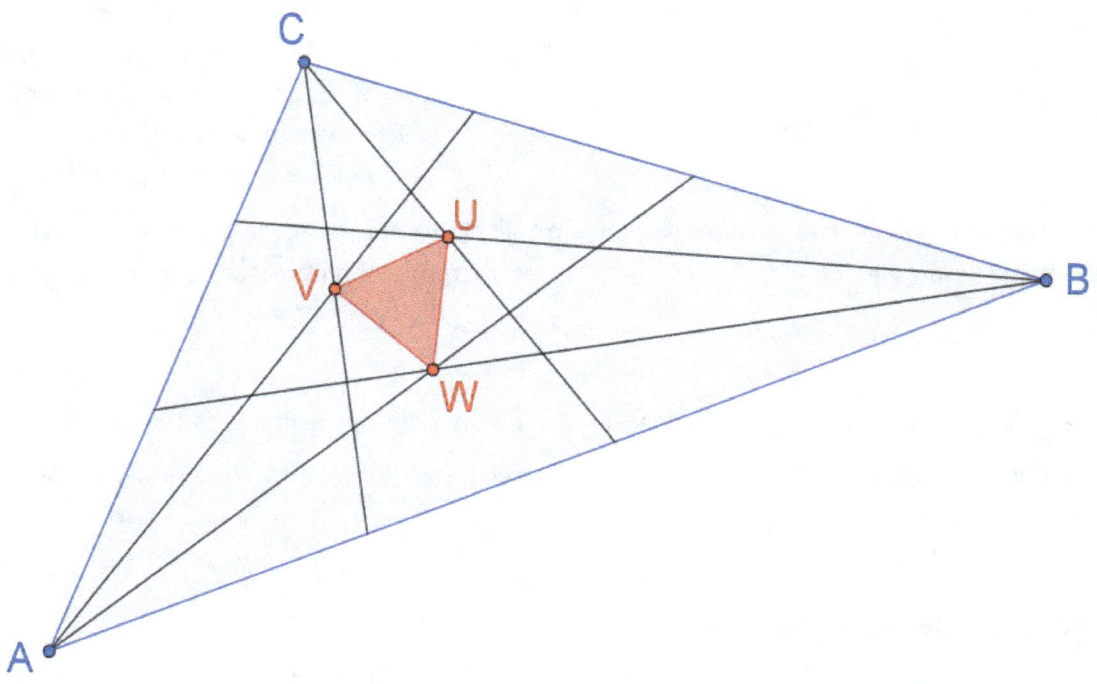

Satz:

Werden alle Winkel eines beliebigen Dreiecks ABC gedrittelt, dann schneiden sich die seitennahen Schenkel der gedrittelten Winkel in einem Dreieck UVW. Morley entdeckte im Jahre 1899, dass dieses Dreieck UVW dann immer gleichseitig ist.

John Horton Conway (* 26. Dezember 1937 in Liverpool, Vereinigtes Königreich; † 11. April 2020 in New Brunswick, New Jersey, Vereinigte Staaten) war ein britischer Mathematiker, der als Erster diesen erstaunlichen Satz bewiesen hat.

Es existieren verschiedene Beweisideen, von denen einige rückwärts operieren: Ausgehend von einen gleichseitigen Dreieck UVW wird ein beliebiges, zugehöriges Dreieck ABC konstruiert und dabei gezeigt, dass mit den Geraden AW und AV der Winkel bei A gedrittelt wird, und dies ebenso mit den anderen entsprechenden Winkeln. Andere Beweise argumentieren mit komplexen Zahlen.

Erstaunlich bleibt dieser – erst seit 1899 bekannte – Satz aber auf jeden Fall dennoch!

Regel von Bernoulli und L'Hospital

Zur Bestimmung des Grenzwertes $\lim\limits_{x \to a} \dfrac{f(x)}{g(x)}$ für den Fall $\lim\limits_{x \to a} f(x) = 0$ und $\lim\limits_{x \to a} g(x) = 0$ entwickelte der Schweizer Mathematiker Johann Bernoulli (1667 – 1748) eine Regel, die Marquis de L'Hospital (1661 – 1704) veröffentlichte.

Regel von Bernoulli und L'Hospital:

Ist $\lim\limits_{x \to a} f(x) = 0$ und $\lim\limits_{x \to a} g(x) = 0$ und existieren in einer Umgebung von $x = a$ die Ableitungen

$f'(a)$ und $g'(a) \neq 0$, dann ist $\lim\limits_{x \to a} \dfrac{f(x)}{g(x)} = \lim\limits_{x \to a} \dfrac{f'(x)}{g'(x)} = \dfrac{f'(a)}{g'(a)}$.

Dass dem so ist, lässt sich mit dem erweiterten Mittelwertsatz der Differentialrechnung erklären: Sind $f(x)$ und $g(x)$ zwei auf dem Intervall $]x, b[$ differenzierbare Funktionen, dann gibt es mindestens eine Zahl $\xi \in]x, b[$ so, dass $f'(\xi) = \dfrac{f(x) - f(a)}{x - a}$ ist, und mindestens ein $\zeta \in]x, b[$ so,

dass $g'(\zeta) = \dfrac{g(x) - g(a)}{x - a}$ ist. In dem Ausdruck $\dfrac{f(x)}{g(x)} = \dfrac{f(x) - f(a)}{g(x) - g(a)} = \dfrac{f'(\xi)}{g'(\zeta)}$ sind $\xi, \zeta \in]x, b[$.

Für den Grenzfall $x \to a$ wird dann $\lim\limits_{x \to a} \dfrac{f(x)}{g(x)} = \lim\limits_{x \to a} \dfrac{f'(\xi)}{g'(\zeta)} = \dfrac{f'(a)}{g'(a)}$.

Alternativ lässt sich diese Regel auch durch eine lineare Approximation der beiden Funktionen an einer Stelle $x = a$ erklären. So ist $\dfrac{f(a + \Delta x)}{g(a + \Delta x)} \approx \dfrac{f(a) + f'(a) \cdot \Delta x}{g(a) + g'(a) \cdot \Delta x}$. Beim Quotienten $\dfrac{f(x)}{g(x)} = \dfrac{\sin(x)}{x}$

beispielsweise ist der Wert von

$$\dfrac{\sin\left(\dfrac{\pi}{6} + 0.01\right)}{\dfrac{\pi}{6} + 0.01} = 0.503599 \approx 0.503624 = \dfrac{\sin\left(\dfrac{\pi}{6}\right) + 0.01 \cdot \cos\left(\dfrac{\pi}{6}\right)}{\dfrac{\pi}{6} + 1 \cdot 0.01}.$$ Für den Grenzfall $\Delta x \to 0$

wird diese Annäherung exakt richtig. Sind nun $\lim\limits_{\Delta x \to 0} f(a + \Delta x) = 0$ und $\lim\limits_{\Delta x \to 0} g(a + \Delta x) = 0$ auch

noch gleich Null, dann wird $\lim\limits_{\Delta x \to 0} \dfrac{f(a + \Delta x)}{g(a + \Delta x)} = \lim\limits_{x \to a} \dfrac{f(x)}{g(x)} = \lim\limits_{\Delta x \to 0} \dfrac{f(a) + f'(a) \cdot \Delta x}{g(a) + g'(a) \cdot \Delta x} = \dfrac{f'(a)}{g'(a)}$.

Zwei Anwendungen:

1. $\lim\limits_{x \to 0} \dfrac{\sin(x)}{x} = \lim\limits_{x \to 0} \dfrac{\cos(x)}{1} = 1$.

2. $\lim\limits_{x \to \pi/6} \dfrac{e^{6x} - e^{\pi}}{\sqrt{3} - 2\cos(x)} = \lim\limits_{x \to \pi/6} \dfrac{6e^{6x}}{2\sin(x)} = 6e^{\pi}$.

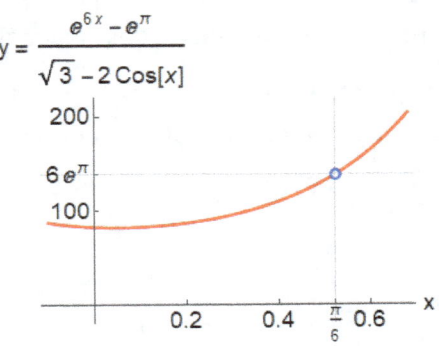

In beiden Fällen ergibt sich je eine 'hebbare Unstetigkeit'.

Die Schuhbändel–Formel

Sind die Koordinaten aller Eckpunkte eines Polygons gegeben, dann kann der Inhalt dieses Polygons mit der Schuhbändel–Formel gefunden werden.

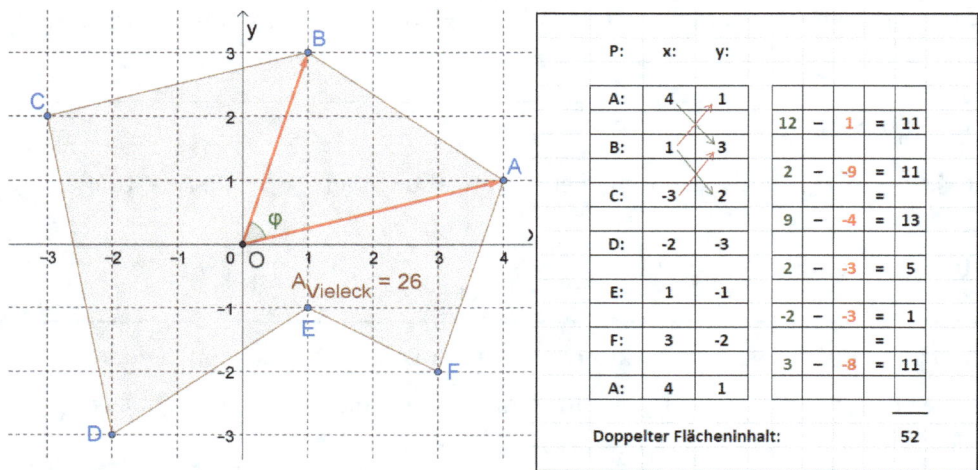

Dazu werden zunächst die Koordinaten aller Punkte untereinander hingeschrieben; der erste Punkt wird dabei zusätzlich am Schluss wiederholt. Dann wird das Produkt der Koordinaten von zwei aufeinander folgenden Punkten von links oben nach rechts unten gebildet (s. grüne Pfeile), und davon wird das Produkt der Koordinaten von links unten nach rechts oben (s. rote Pfeile) subtrahiert, was etwas dem Bild einer Art von Schuhbändeln ähnelt. Die Summe all dieser Differenzen ergibt den doppelten Flächeninhalt dieses Vielecks. Diese Formel wurde 1769 von Albrecht Ludwig Friedrich Meister (1724–1788) und 1795 von Carl Friedrich Gauss (1777 –1855) beschrieben.

Dem Fachmann bleibt natürlich nicht verborgen, dass der Inhalt des ersten Dreiecks OAB gleich der halben Determinante der Koordinaten ist: $A_{\Delta OAB} = \frac{1}{2} \cdot \begin{vmatrix} 4 & 1 \\ 1 & 3 \end{vmatrix} = \frac{1}{2}(4 \cdot 3 - 1 \cdot 1) = \frac{11}{2}$. Dieser Inhalt

kann auch mit dem Vektorprodukt der Vektoren $\overrightarrow{OA} := \vec{a}$ und $\overrightarrow{OB} := \vec{b}$ berechnet werden:

$$A_{\Delta OAB} = \frac{1}{2} \cdot |\vec{a} \times \vec{b}| = \frac{1}{2} \cdot \left| \begin{pmatrix} 4 \\ 1 \\ 0 \end{pmatrix} \times \begin{pmatrix} 1 \\ 3 \\ 0 \end{pmatrix} \right| = \frac{1}{2} \cdot \left| \begin{pmatrix} 0 \\ 0 \\ 11 \end{pmatrix} \right| = \frac{11}{2}.$$ In gleicher Weise werden dann die Inhalte der

Dreiecke OBC, OCD, …, OEF und OFA berechnet; die Summe all dieser Dreiecksinhalte ist gleich dem Inhalt des ganzen Polygons ABC...F.

Es spielt keine Rolle, ob der Ursprung O im Innern des Polygons liegt oder nicht. Ebenfalls sind beliebige einspringende Ecken und mäandernde Seiten möglich – die Schuhbändelformel gibt dennoch den richtigen Flächeninhalt des Polygons; allerdings dürfen sich keine der Polygonseiten kreuzen.

Die Schubändelformel sieht auf den ersten Blick nach 'Mathemagie' aus – sie ist aber absolut leicht verständlich und beruht auf bekannten, einfachen Theoremen der analytischen Geometrie.

Die 'Schuhbändel–Formel für Kurven'

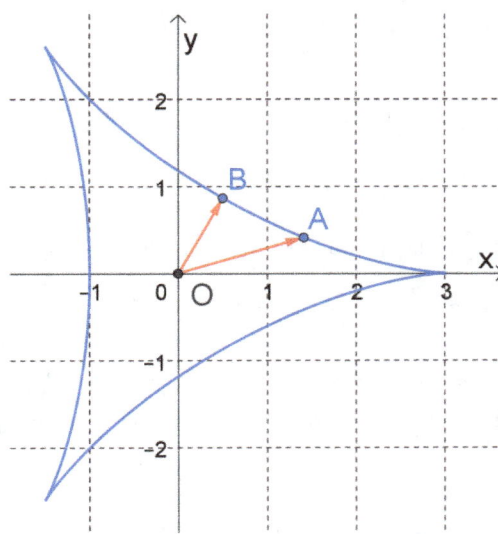

In der Figur links ist ein Deltoid wiedergegeben, das durch die folgende Parameterkurve definiert ist:

$$P = \big(x(t), y(t)\big) = \big(2\cos(t) + \cos(2t), 2\sin(t) - \sin(2t)\big)$$

Natürlich könnten wir nun auf dieser Kurve in regelmässigen Abständen Punkte A, B, C, ... hinsetzen und anschliessend den Flächeninhalt dieses Polygons mit der Schuhbändelformel angenähert berechnen. Wird die Anzahl der Punkte vergrössert, dann kann auch ein genaueres Resultat erwartet werden. Mathematische Exaktheit ergibt sich aber erst, wenn der Übergang von einer Summe von vielen Dreiecksflächen zu einem Integral gelingt.

Dazu betrachten wir einen Punkt $A = \big(x(t), y(t)\big) = \big(2\cos(t) + \cos(2t), 2\sin(t) - \sin(2t)\big)$ und einen dazu nahe benachbarten Punkt B, bei dem der Parameter t um Δt grösser ist: $B = \big(x(t + \Delta t), y(t + \Delta t)\big)$. Der Flächeninhalt des Dreiecks OAB wird dann gemäss der Herleitung bei der Schuhbändelformel angenähert gleich $\dfrac{1}{2} \cdot \left(x(t) \cdot \dfrac{y(t + \Delta t)}{\Delta t} - y(t) \cdot \dfrac{x(t + \Delta t)}{\Delta t} \right) \Delta t$. Mathematische Exaktheit ergibt sich nach Addition von $0 = -x(t) \cdot y(t) / \Delta t + x(t) \cdot y(t) / \Delta t$ in der Klammer und dem Übergang zum Differential $\Delta t \to dt$: Der Inhalt A der von der Kurve umschlossenen Fläche wird so zum Integral

$$A = \frac{1}{2} \cdot \int_{t=0}^{2\pi} \big(x(t) \cdot y'(t) - y(t) \cdot x'(t)\big)\, dt.$$

In unserem konkreten Beispiel ist dies das Integral $A =$

$$\frac{1}{2} \cdot \int_{t=0}^{2Pi} \Big[\big(2\cos(t) - 2\cos(2t)\big)\big(2\cos(t) + \cos(2t)\big) - \big(-2\sin(t) - 2\sin(2t)\big)\big(2\sin(t) - \sin(2t)\big) \Big]\, dt$$

Ausgewertet ergibt dies den Wert 2π, was auch plausibel erscheint.

Ein weiteres Beispiel:

In der Figur rechts ist die Kurve mit der Parametergleichung $P = \big(\cos(t)\,(1 + \sin(5t)/5),\ \sin(t)\,(1 + \sin(5t)/5)\big)$, mit $t \in [0, 2\pi]$, wiedergegeben. Das zugehörige Integral ergibt für den Flächeninhalt $A = \dfrac{51\pi}{50} \approx 3.20442$. Das eingepasste Fünfeck hat einen Inhalt von 3.208, was das Zutrauen in die Richtigkeit der Berechnung durchaus bestärkt...!

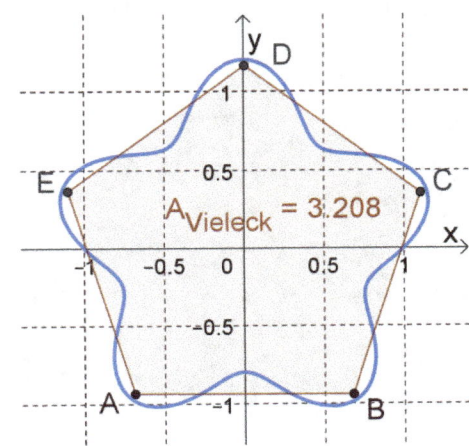

Wurzeln von Wurzeln und ihr Grenzwert

In der unten wiedergegebenen Tabelle sind sukzessive Wurzeln von Wurzeln von Wurzeln ... wiedergegeben. Allgemein kann eine Funktion

$$f(x) = \sqrt{x + \sqrt{x + \sqrt{x + \sqrt{x + \sqrt{x + \sqrt{ + \sqrt{x + \ldots}}}}}}}$$

definiert werden, und es scheint, dass $f(20) = 5$ sein könnte. In der folgenden Tabelle sind einige mit sieben Wurzeln angenäherten Funktionswerte als Zahlenpaare $\{x, f(x)\}$ wiedergegeben:

$$\left\{ \begin{array}{l} \{1, 1.617442798\}, \{2, 1.999849403\}, \{6, 2.999987977\}, \{12, 3.999997936\}, \{20, 4.999999469\}, \\ \{30, 5.999999824\}, \{42, 6.999999931\}, \{56, 7.999999969\}, \{72, 8.999999985\}, \{90, 9.999999992\} \end{array} \right\}$$

In[1]:= **Sqrt[20.]**
Out[1]= 4.47214

In[2]:= **Sqrt[20. + Sqrt[20]]**
Out[2]= 4.94693

In[3]:= **Sqrt[20. + Sqrt[20 + Sqrt[20]]]**
Out[3]= 4.99469

In[4]:= **Sqrt[20. + Sqrt[20 + Sqrt[20 + Sqrt[20]]]]**
Out[4]= 4.99947

In[5]:= **Sqrt[20. + Sqrt[20 + Sqrt[20 + Sqrt[20 + Sqrt[20]]]]]**
Out[5]= 4.99995

In[6]:= **Sqrt[20. + Sqrt[20 + Sqrt[20 + Sqrt[20 + Sqrt[20 + Sqrt[20]]]]]]**
Out[6]= 4.99999

In[7]:= **Sqrt[20. + Sqrt[20 + Sqrt[20 + Sqrt[20 + Sqrt[20 + Sqrt[20 + Sqrt[20]]]]]]]**
Out[7]= 5.

In[8]:= **Sqrt[20 + Sqrt[20 + Sqrt[20 + Sqrt[20 + Sqrt[20 + Sqrt[20 + Sqrt[25]]]]]]]**
Out[8]= 5

Dass $f(20)$ tatsächlich gleich 5 ist, kann so gesehen werden: Es muss gelten, dass $x = \sqrt{a+x}$ ist, und diese Gleichung hat in der Tat für $a = 20$ nur die einzige Lösung $x = 5$. Allgemein muss gelten, dass $x = \sqrt{a+x}$ sein muss. Also wird $x = \dfrac{1+\sqrt{1+4a}}{2}$; das Negativzeichen vor der Wurzel entfällt. Mit den oben gewählten Werten für x ergeben sich immer nette

Quadratzahlen in der Diskriminante, und die Funktionswerte streben gegen natürliche Zahlen – ausser für den Spezialfall $a = 1$: Es gilt $f(1) = \Phi = \dfrac{1+\sqrt{5}}{2} \approx 1.618\ldots$.

Einmal mehr kann ein unendlicher Term mit schlauer Argumentation ausgewertet werden.

Ein Keks und zwei Kerzen

In einen Keks werden zwei Kerzen über seiner Längsachse irgendwo zufällig eingesteckt. Anschliessend wird der Keks an einem ebenso zufällig gewählten Ort senkrecht zu seiner Längsachse in zwei Teile geschnitten.

Wie gross ist die Wahrscheinlichkeit, dass in jedem der beiden Teilstücke eine Kerze steckt?

Das Problem eignet sich für eine Simulation: Ohne Einschränkung der Allgemeinheit nehmen wir an, dass der Keks eine Länge 1 habe. Für die Lage der Kerzen lassen wir dann den Computer zwei hoffentlich gut zufällig berechnete Pseudo–Zufallszahlen x_1 und x_2 im Intervall [0,1] auswählen. Die beiden folgenden beiden Graphiken von $z = |x_1 - x_2|$ geben an, dass kleine Differenzbeträge viel häufiger vorkommen als grosse:

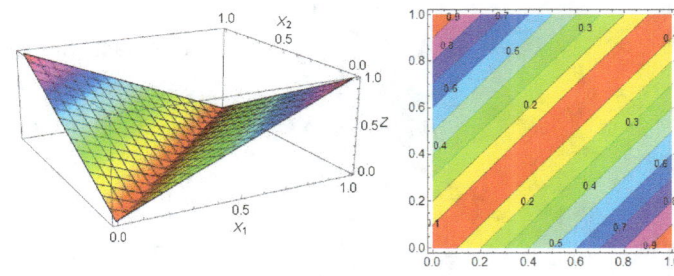

Die Wahrscheinlichkeit, dass die Betragsdifferenz zwischen y und $y + \Delta y$ liegt, ist gemäss den nebenstehenden Diagrammen gleich $P(y \leq |x_1 - x_2| \leq y + \Delta y)$, was gleich $2 \cdot (1 - y) \cdot \Delta y$ ist. Der Erwartungswert

für den mittleren Betrag der Differenz ist darum gleich $\int_0^1 \underbrace{2 \cdot (1-y)}_{P(y...y+dy)} \cdot y\, dy$, was gleich $\frac{1}{3}$ ist.

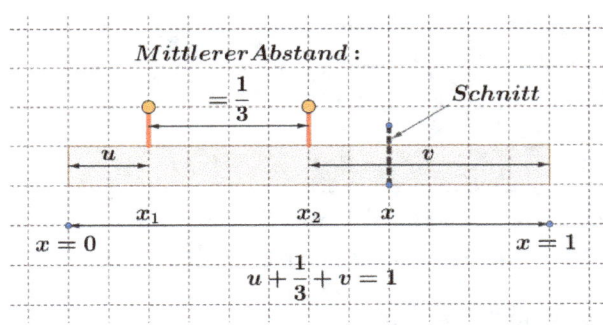

Im Mittel haben die beiden Kerzen also einen Abstand von einem Drittel.

Dieses Resultat hätte auch mit dem Doppelintegral $\int_{x_1=0}^1 \int_{x_2=0}^1 |x_1 - x_2|\, dx_2\, dx_1$ gefunden werden können. Das Integral $\int_{x_2=0}^1 |x_1 - x_2|\, dx_2$ ergibt

$x_1^2 - x_1 + \frac{1}{2}$ für $0 \leq x_2 \leq 1$, und das Integral

$\int_{x_1=0}^1 \left(x_1^2 - x_1 + \frac{1}{2} \right) dx_1$ ergibt tatsächlich wiederum $\frac{1}{3}$. Die Wahrscheinlichkeit, dass der zufällige

Schnitt **zwischen** den beiden Kerzen liegt, ist damit ebenfalls gleich $\frac{1}{3}$, was durch die Simulation bestätigt wird: In einer typischen Simulation mit 10 Millionen Versuchen war dies 3'333'274 Mal der Fall, was die vorliegenden Überlegungen und Berechnungen bestätigt.

Die unheimliche Divergenz harmonischer Reihen

Die Divergenz der ursprünglichen harmonischen Reihe $S_H = \sum_{k=1}^{\infty} \frac{1}{k} = \frac{1}{1} + \frac{1}{2} + \frac{1}{3} + \frac{1}{4} + \ldots$ ist zwar

bekannt, sie ist aber immer wieder doch eine erstaunliche Tatsache! Diese Reihe dient in der Schule

als warnendes Beispiel dafür, dass die Bedingung $\lim_{k \to \infty} a_k = 0$ für die Konvergenz der Reihe $\sum_{k=1}^{\infty} a_k$

zwar notwendig, aber nicht hinreichend ist!

Einer der Beweise für ihre Divergenz geht davon aus, dass genügend viele Summanden immer je einen Term grösser als $\frac{1}{2}$ ergeben: $\sum_{k=1}^{\infty} \frac{1}{k} = \underbrace{\frac{1}{1} + \frac{1}{2}}_{3/2} + \underbrace{\frac{1}{3} + \frac{1}{4}}_{>1/2} + \underbrace{\frac{1}{5} + \frac{1}{6} + \frac{1}{7} + \frac{1}{8}}_{>1/2} + \underbrace{\frac{1}{9} + \frac{1}{10} + \ldots + \frac{1}{16}}_{>1/2} + \ldots$

Ein anderer Beweis ist der Integralbeweis:

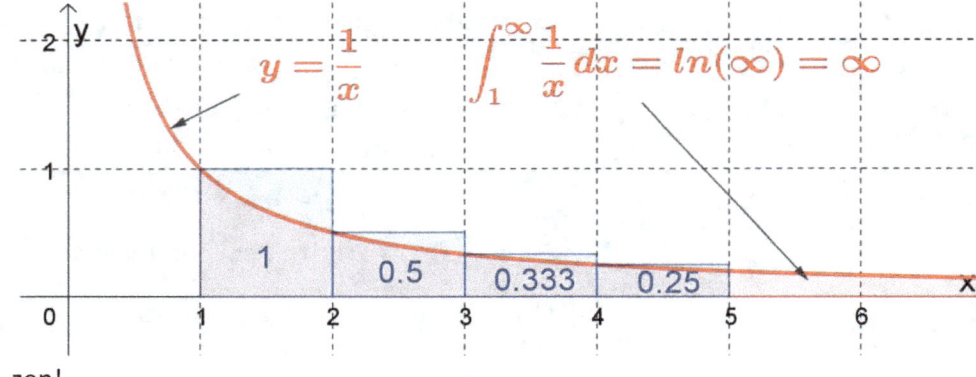

Offensichtlich ist das bestimmte Integral kleiner als die unendliche harmonische Reihe – aber schon dieses Integral ist grösser als alle Grenzen!

Die harmonische Reihe divergiert sehr langsam: Mit einer Million Summanden wird nur gerade eine Summe von ~ 14.39 erreicht, und mit einer Milliarde Summanden nur gerade eine Summe von ~ 21.3.

Wie ist dies aber nun z. B. mit der Reihe $S_1 = \sum_{k=1}^{\infty} \frac{1}{10k} = \frac{1}{10} + \frac{1}{20} + \frac{1}{30} + \frac{1}{40} + \ldots$? Sie ist ebenfalls

divergent, auch wenn dies der Intuition noch stärker widerspricht! Als Erklärung kann hier dienen,

dass $S_1 = \frac{1}{10} \cdot S_H$ ist. Die Divergenz erfolgt dabei einfach noch langsamer.

Spezieller ist die folgende Reihe: $S_2 = \sum_{k=1}^{\infty} \frac{1}{2k-1} = \frac{1}{1} + \frac{1}{3} + \frac{1}{5} + \frac{1}{7} + \ldots$, die aber ebenfalls divergiert,

da $S_2 \geq \int_1^{\infty} \frac{1}{2x-1} dx = \left\lfloor \frac{1}{2} \ln[2x-1] \right\rfloor_1^{\infty} = \infty$ ist. Allgemein divergiert jede Reihe der allgemeinen

Form $S_G = \sum_{k=1}^{\infty} \frac{1}{a \cdot k + b}$, weil für ein passendes u $|S_G| \geq \left| \int_u^{\infty} \frac{1}{ax+b} dx \right| = \left\lfloor \frac{\ln(ax+b)}{a} \right\rfloor_u^{\infty} = |\infty|$ ist.

Die Yellowstone – Permutation

RULES

No term is repeated

Always pick the smallest legal

New term must be relatively prime to previous term

New term must have a common factor with the term before the previous term

Die von "Numberphile" Neil Sloane vorgeschlagene Folge "Yellowstone Permutation" beginnt mit 1, 2, 3. Ab dann gelten die vier links stehenden Regeln (https://www.youtube.com/watch?v=DUaqiM1bGX4).

Es ist kein Problem, ein entsprechendes Programm zu schreiben, welches die ersten paar Glieder dieser Folge berechnet.

Hier sind die ersten 20 Glieder dieser Folge (s. auch oeis.org, A098550):

$$\begin{pmatrix} k: & 1 & 2 & 3 & 4 & 5 & 6 & 7 & 8 & 9 & 10 & 11 & 12 & 13 & 14 & 15 & 16 & 17 & 18 & 19 & 20 \\ a(k): & 1 & 2 & 3 & 4 & 9 & 8 & 15 & 14 & 5 & 6 & 25 & 12 & 35 & 16 & 7 & 10 & 21 & 20 & 27 & 22 \end{pmatrix}$$

Es ist bemerkenswert, dass in dieser Folge alle natürlichen Zahlen genau einmal vorkommen, allerdings in einer permutierten Form. Diese Folge stellt tatsächlich eine Permutation der natürlichen Zahlen dar. Der Beweis dazu findet sich in dem oben angegebenen YouTube – Video. Ausserdem finden sich Peaks dort, wo k prim ist.

Die nebenstehende Graphik zeigt die Folgeglieder $a(100)$ bis $a(200)$. Immer wieder etwa steigen die Folgewerte plötzlich eruptiv einmal stark an, um nachher auf tieferem Niveau wieder weiter zu köcheln, etwa so, wie es einige der vielen Geysire im Yellowstone National Park tun.

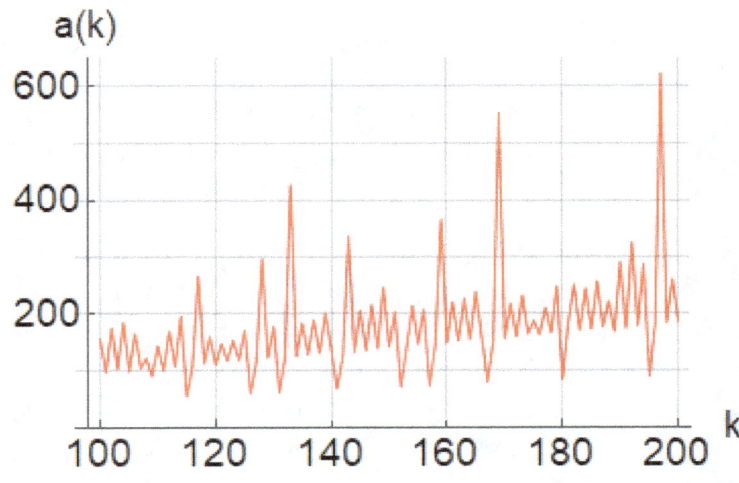

P.S.:

Hier folgt ein Beispiel für ein Programm, das in der Variablen seq die richtige Folge $k \rightarrow a(k)$ liefert, welches aber absolut keinen Anspruch auf spezielle 'Eleganz', Kürze oder Raffinesse erhebt...:

```
a = Table[k, {k, 1, 2000}]; seq = {1, 2, 3};
For[k = 4, k ≤ Length[a], k++, b1 = False; b2 = False;
  If[GCD[a[[k]], seq[[Length[seq]]]] == 1, b1 = True];
  If[GCD[a[[k]], seq[[Length[seq] - 1]]] != 1, b2 = True];
  If[b1 && b2, AppendTo[seq, a[[k]]];
   a = Complement[a, {a[[k]]}];
   k = 3;]];
seq
```

Hundert Lichtschalter

Dieses Problem wurde von "Numberphile" Ben Sparks vorgestellt, und sein Video kann unter The Light Switch Problem - Numberphile - YouTube angesehen werden:

https://www.youtube.com/watch?v=-UBDRX6bk-A

Von hundert Lichtschaltern, die alle mit je einem elektrischen Licht verbunden sind, sind zunächst alle ausgeschaltet, weshalb keine der hundert Lichter leuchten. Eine erste Person legt nun jeden Schalter um, so dass alle Lichter leuchten. Eine zweite Person legt dann jeden zweiten Schalter um; eine dritte Person tut dann das Gleiche mit jedem dritten Schalter, eine vierte Person dann mit jedem vierten Schalter, und so weiter, und eine hundertste Person dann zuletzt mit dem hundertsten, dem letzten Schalter.

Welche der hundert Lichter brennen am Schluss noch?

Hier das Resultat:

Links unten ist der Zustand der Lichter nach den Operationen von $\begin{pmatrix} 2 & 3 \\ 4 & 5 \end{pmatrix}$ Personen wiedergegeben,

und rechts daneben der Endzustand: Angegeben sind da die **Nummern** der am Schluss brennenden Lichter, oder 0, wenn das entsprechende Licht nicht brennt:

$$
\begin{pmatrix}
1 & 0 & 1 & 0 & 1 & 0 & 1 & 0 & 1 & 0 \\
1 & 0 & 1 & 0 & 1 & 0 & 1 & 0 & 1 & 0 \\
1 & 0 & 1 & 0 & 1 & 0 & 1 & 0 & 1 & 0 \\
1 & 0 & 1 & 0 & 1 & 0 & 1 & 0 & 1 & 0 \\
1 & 0 & 1 & 0 & 1 & 0 & 1 & 0 & 1 & 0 \\
1 & 0 & 1 & 0 & 1 & 0 & 1 & 0 & 1 & 0 \\
1 & 0 & 1 & 0 & 1 & 0 & 1 & 0 & 1 & 0 \\
1 & 0 & 1 & 0 & 1 & 0 & 1 & 0 & 1 & 0 \\
1 & 0 & 1 & 0 & 1 & 0 & 1 & 0 & 1 & 0 \\
1 & 0 & 1 & 0 & 1 & 0 & 1 & 0 & 1 & 0
\end{pmatrix}
\begin{pmatrix}
1 & 0 & 0 & 0 & 1 & 1 & 1 & 0 & 0 & 0 \\
1 & 1 & 1 & 0 & 0 & 0 & 1 & 1 & 1 & 0 \\
0 & 0 & 1 & 1 & 1 & 0 & 0 & 0 & 1 & 1 \\
1 & 0 & 0 & 0 & 1 & 1 & 1 & 0 & 0 & 0 \\
1 & 1 & 1 & 0 & 0 & 0 & 1 & 1 & 1 & 0 \\
0 & 0 & 1 & 1 & 1 & 0 & 0 & 0 & 1 & 1 \\
1 & 0 & 0 & 0 & 1 & 1 & 1 & 0 & 0 & 0 \\
1 & 1 & 1 & 0 & 0 & 0 & 1 & 1 & 1 & 0 \\
0 & 0 & 1 & 1 & 1 & 0 & 0 & 0 & 1 & 1 \\
1 & 0 & 0 & 0 & 1 & 1 & 1 & 0 & 0 & 0
\end{pmatrix}
$$

$$
\begin{pmatrix}
1 & 0 & 0 & 4 & 0 & 0 & 0 & 0 & 9 & 0 \\
0 & 0 & 0 & 0 & 0 & 16 & 0 & 0 & 0 & 0 \\
0 & 0 & 0 & 0 & 25 & 0 & 0 & 0 & 0 & 0 \\
0 & 0 & 0 & 0 & 0 & 36 & 0 & 0 & 0 & 0 \\
0 & 0 & 0 & 0 & 0 & 0 & 0 & 49 & 0 & 0 \\
0 & 0 & 0 & 0 & 0 & 0 & 0 & 0 & 0 & 0 \\
0 & 0 & 0 & 64 & 0 & 0 & 0 & 0 & 0 & 0 \\
0 & 0 & 0 & 0 & 0 & 0 & 0 & 0 & 0 & 0 \\
81 & 0 & 0 & 0 & 0 & 0 & 0 & 0 & 0 & 0 \\
0 & 0 & 0 & 0 & 0 & 0 & 0 & 0 & 0 & 100
\end{pmatrix}
$$

$$
\begin{pmatrix}
1 & 0 & 0 & 1 & 1 & 1 & 1 & 1 & 0 & 0 \\
1 & 0 & 1 & 0 & 0 & 1 & 1 & 1 & 1 & 0 \\
0 & 0 & 1 & 0 & 1 & 0 & 0 & 1 & 1 & 1 \\
1 & 1 & 0 & 0 & 1 & 0 & 1 & 0 & 0 & 1 \\
1 & 1 & 1 & 0 & 0 & 1 & 0 & 1 & 0 \\
0 & 1 & 1 & 1 & 1 & 0 & 0 & 1 & 0 \\
1 & 0 & 0 & 1 & 1 & 1 & 1 & 0 & 0 \\
1 & 0 & 1 & 0 & 0 & 1 & 1 & 1 & 1 \\
0 & 0 & 1 & 0 & 1 & 0 & 0 & 1 & 1 & 1 \\
1 & 1 & 0 & 0 & 1 & 0 & 1 & 0 & 0 & 1
\end{pmatrix}
$$

Interessanterweise brennen am Schluss genau diejenigen Glühbirnen, deren Nummer eine Quadratzahl ist. Das Geheimnis liegt in der Anzahl der Teiler. Primzahlen haben eine gerade Anzahl Teiler, nämlich genau 2. Zusammengesetzte Zahlen wie $p \cdot q$ haben die Teiler $1, p, q, pq$, also auch eine gerade Anzahl, wenn p, q beide prim sind. Ist $p = u \cdot v$ selber zusammengesetzt, sind die Teiler neu $1, u, v, uv, q, uq, vq, uvq$, was erneut einer geraden Anzahl entspricht. Dritte Potenzen einer Primzahl p haben die Teiler $1, p, p^2, p^3$, was wiederum eine gerade Anzahl ist. Quadratzahlen hingegen haben eine **ungerade Anzahl Teiler**, wobei auch Quadrate von Quadratzahlen, wie z. B. 81 mit den Teilern $\{1, 3, 9, 27, 81\}$, Quadratzahlen sind. Es sind genau die Quadratzahlen, die eine **ungerade Anzahl Teiler** aufweisen, weshalb am Schluss genau die Lichter mit einer Quadratzahl als Nummer leuchten.

Welche Quadrate gibt es im 2–D–Gitter?

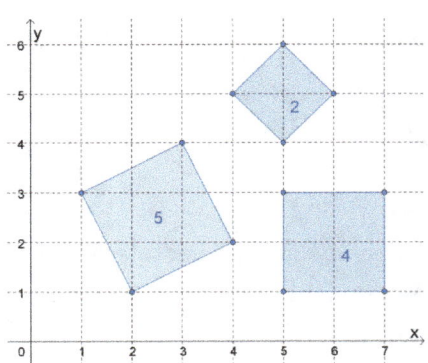

Wir betrachten hier alle Quadrate, deren Eckpunkte auf ganzzahligen Koordinaten liegen. Interessant sind hier dann die Flächeninhalte, die solche Quadrate annehmen können.

In der Figur links sind drei solcher Quadrate eingezeichnet. Sie haben einen Flächeninhalt von 2, 4 respektive 5.

Es wird ziemlich schnell klar, dass es z. B. kein solches Quadrat mit dem Flächeninhalt 3 geben kann. Ebenso offensichtlich ist es, dass es immer ein Quadrat mit einer Quadratzahl als Flächeninhalt gibt, wie beispielsweise das Quadrat in der Figur mit dem Flächeninhalt 4. Welche ganzzahligen Flächeninhalte sind möglich, und welche nicht?

Ein Quadrat mit dem Inhalt 5 hat eine Seitenlänge $s = \sqrt{1^2 + 2^2}$, was dann eben zum Flächeninhalt $1^2 + 2^2 = 5$ führt. Äquivalent zur oben gestellten Frage ist darum die Frage, welche natürlichen Zahlen sich als Summe von zwei Quadraten darstellen lassen. Die ersten paar aller möglichen Zahlen, für die das gilt, ergeben sich aus dem folgenden $x - y -$ Diagramm, in welchem oben von links nach rechts und links von oben nach unten alle Quadratzahlen ≤ 100 angegeben sind, und im Innern der Tabelle die Summe dieser Quadrate angegeben sind:

$$\begin{pmatrix}
0 & 1 & 4 & 9 & 16 & 25 & 36 & 49 & 64 & 81 & 100 \\
1 & 2 & 5 & 10 & 17 & 26 & 37 & 50 & 65 & 82 & 101 \\
4 & 5 & 8 & 13 & 20 & 29 & 40 & 53 & 68 & 85 & 104 \\
9 & 10 & 13 & 18 & 25 & 34 & 45 & 58 & 73 & 90 & 109 \\
16 & 17 & 20 & 25 & 32 & 41 & 52 & 65 & 80 & 97 & 116 \\
25 & 26 & 29 & 34 & 41 & 50 & 61 & 74 & 89 & 106 & 125 \\
36 & 37 & 40 & 45 & 52 & 61 & 72 & 85 & 100 & 117 & 136 \\
49 & 50 & 53 & 58 & 65 & 74 & 85 & 98 & 113 & 130 & 149 \\
64 & 65 & 68 & 73 & 80 & 89 & 100 & 113 & 128 & 145 & 164 \\
81 & 82 & 85 & 90 & 97 & 106 & 117 & 130 & 145 & 162 & 181 \\
100 & 101 & 104 & 109 & 116 & 125 & 136 & 149 & 164 & 181 & 200
\end{pmatrix}$$

Es ist klar, dass mit einer Zahl m, die sich in dieser Tabelle befindet, auch jede Zahl $m \cdot q^2$ (mit $q \in \mathbb{N}$) in der Tabelle vorhanden ist. So ist mit 13 auch 52, und mit 5 auch 45 in dieser Tabelle. 65 lässt sich auf zwei, 325 sogar auf drei verschiedene Arten darstellen.

Darstellbare **Primzahlen** lassen sich auf genau eine Weise als Summe zweier Quadratzahlen darstellen: Solche Primzahlen werden auch "pythagoräische Primzahlen" genannt.

Interessant ist es, sich diejenigen Zahlen anzuschauen, die sich **nicht** als Summe zweier Quadratzahlen darstellen lassen. Die ersten paar dieser Zahlen sind die folgenden:

$3, 6, 7, 11, 12, 14, 15, 19, 21, 22, 23, 24, 27, 28, 30, 31, 33, 35, 38, 39, 42, 43, 44, 46, 47, 48, 51, 54, 55, 56,$
$57, 59, 60, 62, 63, 66, 67, 69, 70, 71, 75, 76, 77, 78, 79, 83, 84, 86, 87, 88, 91, 92, 93, 94, 95, 96, 99, 102$

Auch hier ist wieder klar, dass mit jeder Zahl m, die sich in dieser Tabelle befindet, auch jede Zahl $m \cdot q^2$ (mit $q \in \mathbb{N}$) in dieser Tabelle vorhanden ist und folglich nicht als Summe zweier Quadrate dargestellt werden kann.

Beschränken wir uns auf Primzahlen: Es sind genau diejenigen Primzahlen >2 als Summe zweier Quadrate darstellbar, deren Viererrest gleich 1 ist, weshalb dies z. B. für 5, 17 und 29 der Fall ist, aber für 3, 7 und 31 nicht. Dieser Satz wurde als Zwei–Quadrate–Satz von Fermat am 25. Dezember1640 aufgestellt und dann in den 1750er – Jahren von Euler bewiesen.

Welche Quadrate gibt es im 3–D–Gitter?

Es ist nicht möglich, mit Quadraten mit ganzzahligem Eckkoordinaten im 2–D–Gitter einen beliebigen ganzzahlige Flächeninhalt zu erhalten: Flächeninhalte von

$$3, 6, 7, 11, 12, 14, 15, 19, 21, 22, 23, 24, 27, 28, 30, 31, 33, 35, 38, 39, 42, 43, 44, 46, 47, 48, 51, \ldots$$

sind nicht möglich.

Natürlich wird erwartet, dass in einem **dreidimensionalen** Gitter viel mehr solcher Quadrate mit einem ganzzahligen Flächeninhalt möglich sein sollten. Erstaunlicherweise ist aber immer noch eine Vielzahl von Quadratinhalten nicht darstellbar. Es sind dies die folgenden Flächen:

$$7, 15, 23, 28, 31, 39, 47, 55, 60, 63, 71, 79, 87, 92, 95, 103, 111, 112, 119, 124, 127, 135, 143, \ldots \; .$$

So ist im 3–D–Gitter beispielsweise ein Flächeninhalt 19 möglich, mit $19 = 1^2 + 9^2 + 9^2$, was im 2–D–Gitter nicht möglich war.

Hier noch eine nette Identität:

$$\boxed{\sin(10°) \cdot \sin(50°) \cdot \sin(70°) = \frac{1}{8}}$$

Der Taschenrechner bestätigt dieses Resultat sofort – was aber leider nicht als Beweis gilt...!

Als Voraussetzung betrachten wir die Additionstheoreme für die Sinus– und Kosinus–Funktion als gegeben:

$$\sin(\alpha + \beta) \equiv \sin(\alpha) \cdot \cos(\beta) + \cos(\alpha) \cdot \sin(\beta)$$
$$\cos(\alpha + \beta) \equiv \cos(\alpha) \cdot \cos(\beta) - \sin(\alpha) \cdot \sin(\beta)$$

Daraus ergibt sich

$\sin(2x) = 2\sin(x) \cdot \cos(x)$, und $\cos(2x) = \cos^2(x) - \sin^2(x)$. So wird

$\sin(3x) = \sin(x + 2x) = \sin(x) \cdot \cos(2x) + \cos(x) \cdot \sin(2x)$, und weiter

$\sin(3x) = \sin(x) \cdot \left(3\cos^2(x) - \sin^2(x)\right)$.

Diese Identitäten wenden wir an auf $\sin(50°) \cdot \sin(70°) \equiv \sin(60° - 10°) \cdot \sin(60° + 10°)$. Ausmultipliziert ergibt dies $\sin^2(60°) \cdot \cos^2(10°) - \cos^2(60°) \cdot \sin^2(10°) = \frac{1}{4}\left(3\cos^2(10°) - \sin^2(10°)\right)$. Wird dieser Term nun noch mit $\sin(10°)$ multipliziert, erhalten wir:

$$\boxed{\sin(10°) \cdot \sin(50°) \cdot \sin(70°) = \frac{1}{4}\left(\underbrace{3\sin(10°) \cdot \cos^2(10°) - \sin^3(10°)}_{=\sin(30°)}\right) = \frac{1}{8}}$$

Was zu beweisen war.

Würfelaugen–Duell

Heike Makatsch (Tatort Mainz/Freiburg), die bei "Klein gegen Groß" ihr herausragendes Gedächtnis bereits einmal unter Beweis gestellt hat, trat am 4. März 2023 in der ARDF–Sendung "Klein gegen Gross" zum "Würfelaugen-Duell" gegen Sina (12) an. Beide müssen sich in kürzester Zeit die exakte Augenzahl von insgesamt 20 Mal 4 Würfeln einprägen.

Da die Reihenfolge der Würfel irrelevant war, sind insgesamt $\overline{C}(6,4) = \begin{pmatrix} 6+4-1 \\ 4 \end{pmatrix} = \begin{pmatrix} 9 \\ 4 \end{pmatrix} = 126$ verschiedene Kombinationen mit Wiederholungen – und damit Würfelbilder – möglich.

Wie könnte diese Aufgabe mnemotechnisch–mathematisch vereinfacht werden?

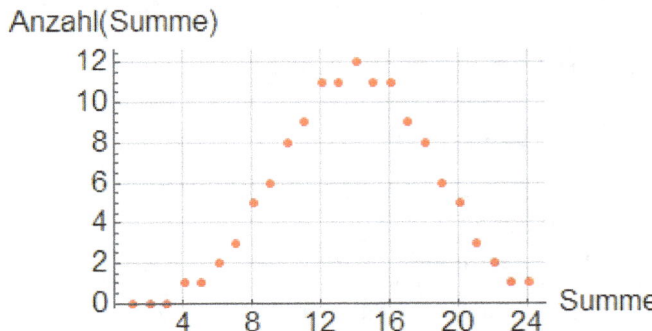

Vielleicht merken sich die beiden einfach die 20 jeweiligen Summen der Augen aller vier Würfel? In der nebenstehenden Graphik sind die verschiedenen Möglichkeiten wiedergegeben, die zu einer vorgegebenen Augensumme gehören. Augensummen kleiner als 4 sind natürlich nicht möglich, und eine Augensumme von 23 oder 24 ist auf genau eine Weise möglich. Zu der Augensumme 14 sind hingegen die folgenden 12 unterschiedlichen Würfelbilder möglich:

$$\{6,6,1,1\},\{6,5,2,1\},\{6,4,3,1\},\{6,4,2,2\},\{6,3,3,2\},\{5,5,3,1\},$$
$$\{5,5,2,2\},\{5,4,4,1\},\{5,4,3,2\},\{5,3,3,3\},\{4,4,4,2\},\{4,4,3,3\}.$$

Diese Methode scheint also gar nicht erfolgversprechend zu sein!

Eine weitere Möglichkeit wäre es, die 126 Würfelbilder der Grösse nach zu ordnen, und die zu jedem möglichen Würfelbild gehörige Nummer auswendig zu lernen. Beim Test müsste dann zu jeder der 20 Würfelbilder nur die zugehörige Nummer dieses Würfelbildes gemerkt werden, also nur 20 natürliche Zahlen, alle kleiner oder gleich 126, in der richtigen Reihenfolge. So wäre z. B. das Würfelbild $\{4,2,1,1\}$ unter dem 3. Hut die 17. Kombination, und als dritte von 20 Zahlen müsste die Zahl 17 memoriert werden; anschliessend müsste richtig abgerufen werden, welchem Würfelbild diese 17. Kombination entspricht.

Eine sichere Kodierung der Würfelbilder wäre mit der Hilfe von Primzahlen möglich: Einer Eins könnte die 1 zugeordnet werden, einer 2 die 2, einer drei die 3, einer 4 die 5, einer 5 die 7 und einer 6 die 11; das Produkt der zugeordneten Zahlen ist eine umkehrbare Zuordnung zum Würfelbild. Dem Bild $\{4,2,2,1\}$ würde folglich die Zahl 20 zugeordnet. Durch die Faktorzerlegung $20 = 5 \cdot 2^2 \cdot 1$ kann das Würfelbild wieder gefunden werden. Auch diese Methode ist praktisch kaum anwendbar: Für z. B. $\{6,6,5,4\}$ müsste die Zahl $4235 = 11^2 \cdot 7 \cdot 5$ schnell im Kopf faktorisiert und das Resultat wieder als Würfelbild interpretiert werden, was doch eher zeitintensiv wäre! Wie haben die Kandidatinnen das in Wirklichkeit wohl gemacht?

Rotation in der Ebene

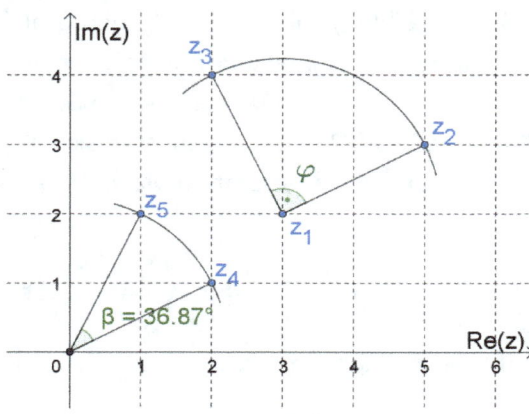

Die Rotation eines Punktes P_2 in einer Ebene um einen P_1 um einen Winkel φ ist recht einfach, wenn erstens der Punkt P_1 mit dem Ursprung zusammenfällt und zweitens der Punkt $P_2(x/y)$ mit der komplexen Zahl $z_2 = x + i \cdot y$ identifiziert werden kann, was wegen der bijektiven Abbildung zwischen jedem Punkt P der $x-y-$Ebene und der entsprechenden komplexen Zahl in der Gauss'schen Zahlenebene immer möglich ist.

Für eine Rotation **um den Ursprung** um den Winkel β muss die komplexe Zahl z_4 einfach mit der komplexen Einheitszahl $e^{i\beta}$ multipliziert werden. Im konkreten Beispiel ist dies

$$z_5 = z_4 \cdot e^{i\beta} = (2+i) \cdot e^{i \cdot 36.87° \cdot \frac{\pi}{180°}} = (2+i) \cdot e^{0.6435i} = (2+i) \cdot \big(\cos(0.6435) + i \cdot \sin(0.6435)\big).$$

Das gibt – nett ausmultipliziert – tatsächlich $z_5 = 1 + 2i$.

Soll z_2 um einen Punkt z_1, der **nicht mit dem Ursprung** zusammenfällt, um einen Winkel φ rotiert werden, wird einfach $(z_2 - z_1)$ um diesen Winkel φ rotiert und anschliessend zum Resultat die Zahl z_1 wieder addiert. Im konkreten Beispiel ergibt dies wie erwartet

$$z_3 = (z_2 - z_1) \cdot e^{i\varphi} + z_1 = \big(5 + 3i - (3 + 2i)\big) \cdot e^{i \cdot \frac{\pi}{2}} + (3 + 2i) = 2 + 4i.$$

Dabei ist natürlich wieder die Euler'sche Identität $e^{ix} \equiv \cos(x) + i \cdot \sin(x)$ verwendet worden.

Diese Erkenntnisse aus den Drehungen in der $\mathbb{C}-$Ebene können auf die Drehung von **Punkten in der** $x-y-$**Ebene** angewendet werden. So ergeben sich die Koordinaten $\begin{pmatrix} x_5 \\ y_5 \end{pmatrix}$ von P_5 wie folgt:

$$\begin{pmatrix} x_5 \\ y_5 \end{pmatrix} = \begin{pmatrix} \cos(\beta) & -\sin(\beta) \\ \sin(\beta) & \cos(\beta) \end{pmatrix} \cdot \begin{pmatrix} x_4 \\ y_4 \end{pmatrix} = \begin{pmatrix} \cos(0.6435) & -\sin(0.6435) \\ \sin(0.6435) & \cos(0.6435) \end{pmatrix} \cdot \begin{pmatrix} 2 \\ 1 \end{pmatrix} = \begin{pmatrix} 1 \\ 2 \end{pmatrix}.$$

Und entsprechend erhalten wir, mit $\varphi = \dfrac{\pi}{2}$ im Bsp., die Koordinaten von $\begin{pmatrix} x_3 \\ y_3 \end{pmatrix}$ von P_3:

$$\begin{pmatrix} x_3 \\ y_3 \end{pmatrix} = \begin{pmatrix} \cos(\varphi) & -\sin(\varphi) \\ \sin(\varphi) & \cos(\varphi) \end{pmatrix} \cdot \begin{pmatrix} x_2 - x_1 \\ y_2 - y_1 \end{pmatrix} + \begin{pmatrix} x_1 \\ y_1 \end{pmatrix} = \begin{pmatrix} 0 & -1 \\ 1 & 0 \end{pmatrix} \cdot \begin{pmatrix} 2 \\ 1 \end{pmatrix} + \begin{pmatrix} 3 \\ 2 \end{pmatrix} = \begin{pmatrix} 2 \\ 4 \end{pmatrix}.$$

Einmal mehr hat sich der schlaue Fuchs Gauss das mathematische Leben mit Hilfe von komplexen Zahlen sehr vereinfacht! Und mit dem Schwanz hat der Fuchs alle Spuren wieder sorgfältig verwischt.

Zur Volumenformel des Kegelstumpfs

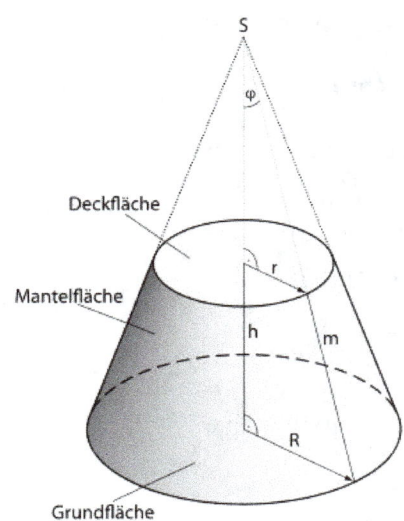

In der Figur links (aus Wikiwand: "Kegelstumpf") sind die Bezeichnungen ersichtlich, die hier in der Folge zur Berechnung des Volumens eines Kegelstumpfes verwendet werden.

Als bekannt wird vorausgesetzt, dass das Volumen eines ganzen Kegels gegeben ist durch $V_K = \frac{1}{3}\pi R^2 H$, wobei H die Höhe des ganzen Kegels ist.

Aus Lehrbüchern kann für das Volumen eines Kegelstumpfs die Formel $V_{KS} = \frac{1}{3}\pi\left(R^2 + r^2 + Rr\right)\cdot h$ gefunden werden.

Wie kommt man auf diese nicht sofort offensichtliche Formel? Klarerweise würde doch die Differenz aus dem Volumen des zu einem ganzen Kegel ergänzten Kegelstumpf und dem gedacht hinzugefügten oberen, kleineren Kegel berechnet. Dazu muss zunächst einmal aus den gegebenen Grössen r, R, h des Kegelstumpfes die Höhe H des ergänzten Kegels berechnet werden, wozu der zweite Strahlensatz hilft:

$$H : R = (H-h) : r \Rightarrow H = \frac{Rh}{(R-r)}$$

Für das Volumen des Kegelstumpfs ergibt sich $V_{KS} = \frac{\pi}{3}\left(R^2 H - r^2(H-h)\right)$. Wird darin H durch

den obigen Term ersetzt und der neue Term etwas vereinfacht, ergibt sich $V_{KS} = \frac{\pi}{3}\left(\frac{R^3 - r^3}{R-r}\right)\cdot h$.

Mit einer schriftlichen Division lässt sich verifizieren, dass $\frac{R^3 - r^3}{R-r} = R^2 + Rr + r^2$ ist! Damit erhalten wir die oben bereits erwähnte Literaturformel für das Volumen des Kegelstumpfs:

$$\boxed{V_{KS} = \frac{1}{3}\pi\left(R^2 + r^2 + Rr\right)\cdot h}$$

Ist G die Grundfläche und D die Deckfläche des Kegelstumpfs, dann lässt sich das Volumen auch als $V_{KS} = \frac{1}{3}\left(G + \sqrt{GD} + D\right)\cdot h$ angeben, analog zum Volumen eines Pyramidenstumpfs.

Als Ergänzung soll hier noch die Mantelfläche des Kegelstumpfes angegeben werden. Sie ist die Differenz aus dem Inhalt eines grossen und eines kleinen Kreissektors:

$M_{KS} = \pi\left(\left(H^2 + R^2\right) - \left((H-h)^2 + r^2\right)\right)\cdot \dfrac{2\pi R}{2\pi\sqrt{R^2 + H^2}}$. Wird hier wieder $H = \dfrac{Rh}{(R-r)}$ einge-

setzt, vereinfacht sich dieser Term nach einigen Umformungen nett zu $\boxed{M_{KS} = \pi\left(R + r\right)\cdot m}$.

... und alternative Berechnungen dazu!

Wer Integralrechnung kennt, kann einen Kegelstumpf auch als Rotationskörper verstehen, der entsteht, wenn der Graph der Funktion $f(x) = \dfrac{R-r}{h} \cdot x + r$ um die x–Achse rotiert, und dies von $x = 0$

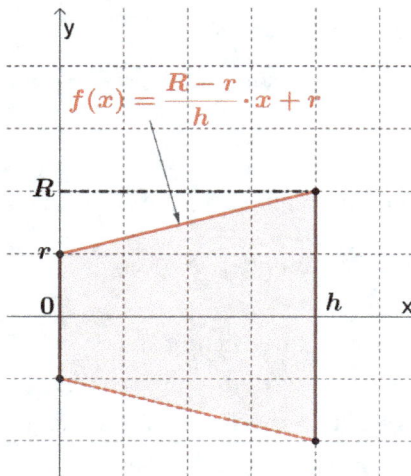

bis $x = h$. Das **Volumen** des zugehörigen Rotationskörpers ist allgemein gegeben durch $V = \pi \cdot \int_a^b \big(f(x)\big)^2\, dx$; in unserem speziellen Fall wird dies $V_{KS} = \pi \cdot \int_0^h \left(\dfrac{R-r}{h} \cdot x + r\right)^2 dx$. Dies ist gleich $\pi \left[\dfrac{\big(hr + (R-r)x\big)^3}{3h^2(R-r)}\right]_0^h$, was in der Tat gerade

$$V_{KS} = \frac{1}{3}\pi h \cdot \left(R^2 + Rr + r^2\right) \text{ ergibt.}$$

Für die **Mantelfläche** eines Rotationskörpers gilt allgemein die Formel $M = 2\pi \cdot \int_a^b f(x) \cdot \sqrt{1 + \big(f'(x)\big)^2}\, dx$. In unserem Fall wird $f'(x) = \dfrac{R-r}{h}$, und zu berechnen ist das Integral $M_{KS} = 2\pi \cdot \int_0^h \left(\dfrac{(R-r)}{h} x + r\right) \cdot \sqrt{1 + \left(\dfrac{R-r}{h}\right)^2}\, dx$. Dieses Integral wird gleich

$\left[\sqrt{1 + \dfrac{(R-r)^2}{h^2}} \cdot \left(rx + \dfrac{(R-r)x^2}{2h}\right)\right]_0^h$, was ausgewertet $M_{KS} = \pi \cdot \underbrace{\sqrt{h^2 + (R-r)^2}}_{=\,m} \cdot (r + R)$ ergibt.

Wer weiter die Guldin'schen Regeln kennt, kann das Volumen auch als Produkt aus 2π , der rotierenden Fläche und dem Abstand des Schwerpunkts dieser Fläche von der Drehachse bestimmen. Die rotierende Fläche ist hier $A = \dfrac{r+R}{2} \cdot h$, und der Abstand ihres Schwerpunkts ist gleich

$x_s = \dfrac{\int_a^b \dfrac{1}{2} \cdot f(x) \cdot x\, dx}{\int_a^b f(x)\, dx}$, was hier gleich $x_s = \dfrac{1}{6} \dfrac{h\big(r^2 + rR + R^2\big)}{A}$ wird. Das oben erwähnte Produkt

ergibt dann gerade wieder das Volumen $V_{KS} = \dfrac{1}{3}\pi\left(R^2 + r^2 + Rr\right) \cdot h$.

Für die Mantelfläche gilt nach Guldin allgemein: $M = 2\pi \cdot s_1 \cdot m$. Dabei ist s_1 gleich dem Abstand des Schwerpunktes der Meridianlinie von der Rotationsachse, und m ist die Länge dieser Kurve. In unserem Fall ist $s_1 = \dfrac{R+r}{2}$ und $m = \sqrt{h^2 + (R-r)^2}$; zusammengefasst ergibt dies darum erneut

$M_{KS} = \pi \cdot (R+r) \cdot \underbrace{\sqrt{h^2 + (R-r)^2}}_{=\,m}$, wie das von früher her schon bekannt war.

Monte Carlo – Methode zur Bestimmung von e

Die Euler'sche Zahl $e = 2.71828...$ kann mit einer Monte Carlo – Methode wie folgt annähernd bestimmt werden: Aus der Menge der ersten n natürlichen Zahlen werden ebenfalls n Elemente zufällig und mit Zurücklegen ausgewählt. Dabei werden eine Anzahl k Elemente gar nie ausgewählt, und eine Anzahl $n-k$ Elemente werden mindestens einmal, aber allenfalls auch zweimal oder noch häufiger ausgewählt. Die Wahrscheinlichkeit, dass z. B. das erste Element **nicht** ausgewählt wird, ist

$\dfrac{n-1}{n}$, und dass es n Mal nicht ausgewählt wird, ist $\left(\dfrac{n-1}{n}\right)^n$. Das gilt aber für alle anderen Elemente

genau so, weshalb $k = n \cdot \underbrace{\left(\dfrac{n-1}{n}\right)^n}_{\to 1/e}$ wird; der Erwartungswert für die Anzahl k von **nie** ausgewählten

Elementen ist darum gleich $\dfrac{n}{e}$, womit $e \approx \dfrac{n}{k}$ wird. In der hier durchgeführten Simulation wurde

$n = 10'000$ gewählt. Von diesen zehntausend Zahlen wurden $k = 3'669$ nie, 3'716 genau 1 Mal, 1'788 genau 2 Mal, 641 genau 3 Mal, 152 genau 4 Mal, 29 genau 5 Mal, 4 genau 6 Mal, keine 7 Mal und 1 genau 8 Mal ausgewählt. Die (gerundeten) theoretisch zu erwartenden Zahlen sind in der folgenden Tabelle wiedergegeben:

$$\begin{pmatrix} 0 & 1 & 2 & 3 & 4 & 5 & 6 & 7 & \geq 8 \\ 3679 & 3679 & 1839 & 613 & 153 & 31 & 5 & 1 & 0 \end{pmatrix}$$

Das ergibt für e ungefähr $\dfrac{10'000}{3'669} \approx 2.725538$. Dieses Resultat ist erstaunlicherweise nur gerade etwa 0.27 % zu gross!

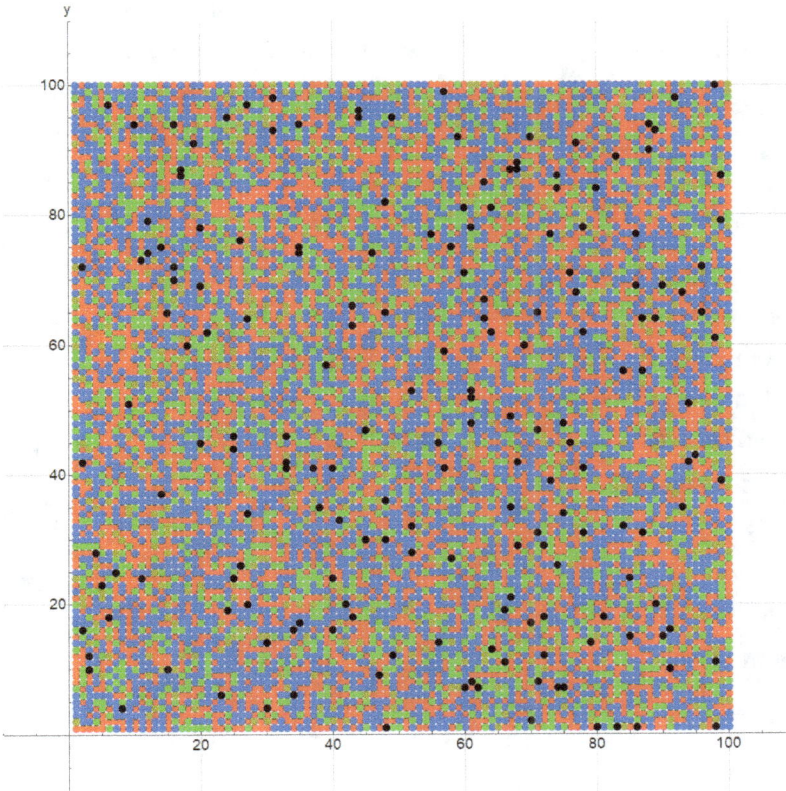

In der Figur links sind die **nie** ausgewählten Punkte in Rot, die 1 Mal ausgewählten in Blau, die 2 Mal ausgewählten in Grün, die 3 Mal ausgewählten in Gelb und die 186 mehr als 3 Mal ausgewählten Punkte in Schwarz wiedergegeben.

Wiederholungen dieser Simulation ergeben natürlich immer wieder andere Resultate, die aber immer in der gleichen Grössenordnung recht nahe bei e liegen: Eine hundertfache Wiederholung dieser Simulation ergab einen Mittelwert von $\overline{e}_{100} = 2.720 \pm 0.021$.

Der Satz von Eddy

Der Satz von Eddy besagt, dass die Winkelhalbierende w_γ des rechten Winkels γ in jedem recht-winkligen Dreieck ABC die Fläche des Hypotenusenquadrats halbiert.

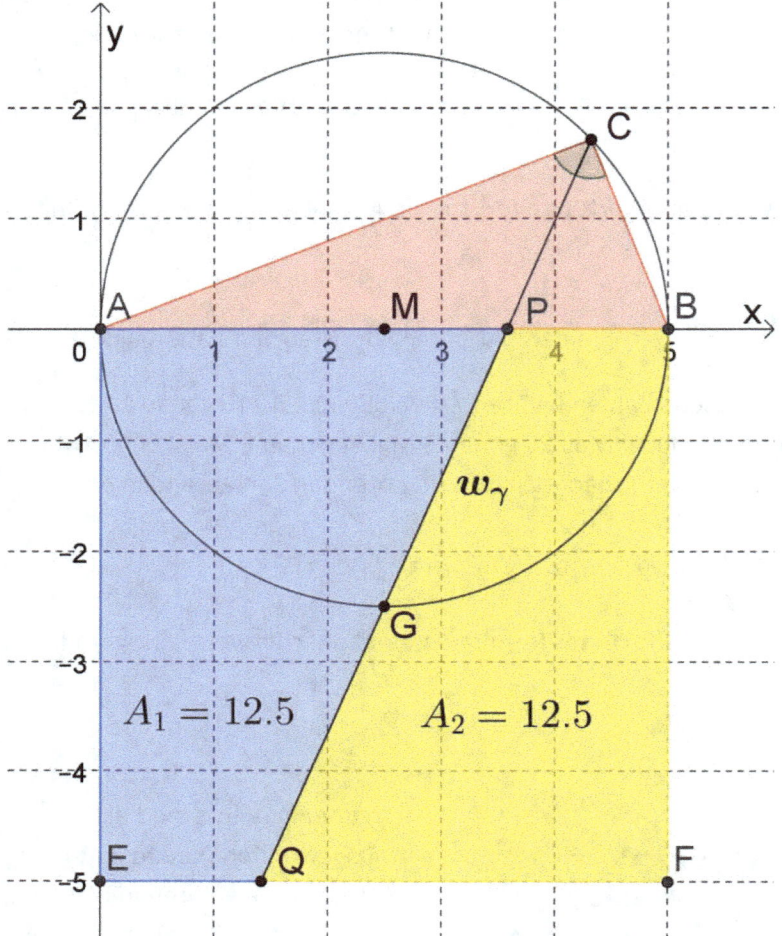

Dieser Satz wurde kürzlich von Hans Walser veröffentlicht. Über die Identität von "Eddy" ist nichts weiter bekannt!

In der Figur links ist ein rechtwink-liges Dreieck wiedergegeben, und in der Tat scheint die Winkelhal-bierende w_γ immer durch den Mittelpunkt G des Hypotenusen-quadrats zu gehen. Wenn dem so ist, dann ist auch sofort offensicht-lich, dass w_γ die Fläche des Hypo-tenusenquadrats halbiert. Aber warum sollte dem so sein?!

Ein unmittelbar einleuchtender graphischer Beweis ergibt sich aus der unten wiedergegebenen Figur:

Über den Seiten des Hypotenusenquadrats AEFB werden zum ursprünglichen Dreieck ABC kongruente rechtwink-lige Dreiecke gezeichnet, mit den Eckpunkten C', C'' und C'''. Das ergibt das Quadrat C C' C'' C''' mit den Diagona-len C' C''' und C C''. Da der Winkel γ ein rechter Winkel ist, ist seine Hälfte gleich 45°, und das ist gerade der Winkel, den Diagonalen eines Quadrats mit den Seiten einschliessen. Die Diagonalen – und damit die Winkel-halbierende w_γ – schneiden sich darum tatsächlich im Mittelpunkt G des Hypotenusenquadrats.

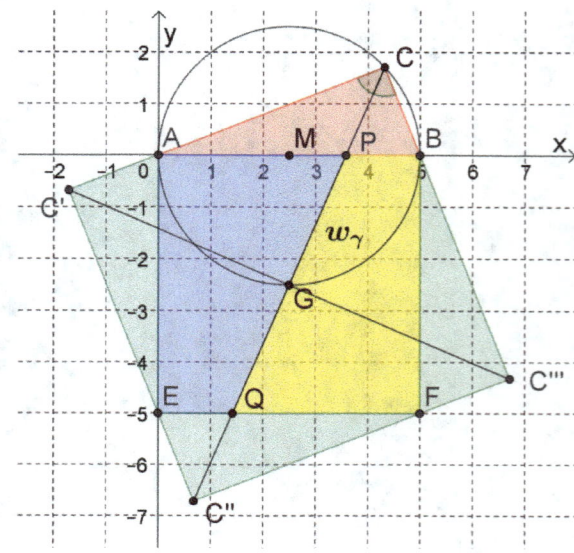

Erzeugende Funktionen

Wie viele Teilmengen der Menge $\{1,2,3,4,...,n\}$ haben eine Summe S all ihrer Elemente, die durch $m = 3$ teilbar ist?

Als Beispiel betrachten wir für $n = 4$ alle diese $2^n = 16$ Teilmengen. Unter jeder Teilmenge ist jeweils die Summe S all ihrer Elemente wiedergegeben; Teilmengen mit einer durch 3 teilbaren Summe sind rot angegeben:

$$\{\}, \{1\}, \{2\}, \{3\}, \{4\}, \{1,2\}, \{1,3\}, \{1,4\}, \{2,3\}, \{2,4\}, \{3,4\}, \underbrace{\{1,2,3\}}_{6}, \underbrace{\{1,2,4\}}_{7}, \underbrace{\{1,3,4\}}_{8}, \underbrace{\{2,3,4\}}_{9}, \underbrace{\{1,2,3,4\}}_{10}$$

$$\begin{array}{ccccccccccc} 0 & 1 & 2 & 3 & 4 & 3 & 4 & 5 & 5 & 6 & 7 \end{array}$$

In der unten stehenden Tabelle ist die jeweilige Summe S und darunter die Anzahl Z angegeben,

$$\begin{pmatrix} S: & 0 & 1 & 2 & 3 & 4 & 5 & 6 & 7 & 8 & 9 & 10 \\ Z: & 1 & 1 & 1 & 2 & 2 & 2 & 2 & 2 & 1 & 1 & 1 \end{pmatrix}$$

mit der diese Summe S vorkommt. So kommt z. B. 0 genau 1 Mal, 3 genau 2 Mal, 6 genau 2 Mal und 9 genau 1 Mal vor. Die Anzahl Teilmengen, deren Summe all ihrer Elemente durch 3 teilbar ist, ist darum 1 + 2 + 2 + 1, also gleich 6.

Was wäre die Antwort, wenn n beispielsweise 300 wäre? Dazu müssten in einem Programm jede der $2^{300} \approx 2 \cdot 10^{90}$ Teilmengen untersucht werden. Wenn dieses Programm dazu pro Teilmenge z. B. eine Mikrosekunde brauchen würde, würde das Programm etwa $2 \cdot 10^{84}$ Sekunden lang laufen, was massiv länger als das geschätzte Alter der Erde von etwa $1.451 \cdot 10^{17} s$ ist! So kann das nicht gehen.

Wie denn? Mit der erzeugenden Funktion $f_n(x) := \prod_{k=1}^{n} \left(1 + x^k\right)$. Für $n = 4$ wird diese ausmultipliziert gleich $1 + x + x^2 + 2x^3 + 2x^4 + 2x^5 + 2x^6 + 2x^7 + x^8 + x^9 + x^{10} = \sum_{k=0}^{n(n+1)/2} a_k x^k$. Auf diese erzeugende Funktion muss man natürlich zuerst auch einmal kommen! Netterweise geben die Koeffizienten a_k gerade an, wie oft eine Summe k bei allen Teilmengen vorkommt. So kommt eine Summe $S = k = 7$ genau zwei Mal vor: Bei $\{3,4\}$ und bei $\{1,2,4\}$. Es ist leicht einzusehen, dass $f_n(1) = 2^n$ und $f_n(-1) = 0$ ist. Mit den Koeffizienten ergibt sich aber

$2^n = f_n(1) + f_n(-1) = 2a_0 + 2a_2 + 2a_4 + 2a_6 + ... + 2a_n$. Damit wird die Anzahl aller Teilmengen, deren Summe durch zwei teilbar ist, gerade gleich $2^n / 2$ ist: Nicht ganz erstaunlicherweise hat genau die Hälfte aller Teilmengen eine Summe S, die durch $m = 2$ teilbar ist – was allerdings nicht die ursprüngliche Frage war!

Mit der Wahl von $f_n(1)$ und $f_n(-1)$ haben wir erreicht, dass in der Summe $f_n(1) + f_n(-1)$ die Koeffizienten a_k mit einem **ungeraden** k verschwinden. Beachte, dass 1 und (−1) die Einheitswurzeln der Gleichung $x^2 = 1$ waren. Mit einem analogen Trick sollten wir erreichen können, dass die Koeffizienten a_k mit einem Index, der nicht durch 3 teilbar ist, verschwinden. Dazu verwenden wir die

Lösungen der Gleichung $x^3 = 1$. Dies sind die Einheitswurzeln $1, v = e^{i \cdot \frac{2\pi}{3}}$ und v^2.

Wir werden verwenden, dass die Summe von 1, $v = e^{i \cdot \frac{2\pi}{3}}$ und v^2 gleich Null ist. Dies ist ebenfalls der Fall für die Summe von 1^2, $v^2 = e^{i \cdot \frac{4\pi}{3}}$ und $\left(v^2\right)^2$. Damit wird

$$f_n(1) = a_0 + a_1 \cdot 1 + a_2 \cdot 1 + a_3 \cdot 1 + a_4 \cdot 1 + ... + a_n \cdot 1$$
$$f_n(v) = a_0 + a_1 \cdot v + a_2 \cdot v^2 + a_3 \cdot v^3 + a_4 \cdot v^4 + ... + a_n \cdot v^n$$
$$f_n(v^2) = a_0 + a_1 \cdot (v^2) + a_2 \cdot \left(v^2\right)^2 + a_3 \cdot \left(v^2\right)^3 + a_4 \cdot \left(v^2\right)^4 + ... + a_n \cdot \left(v^2\right)^n$$

Die Summe dieser drei Funktionswerte ist gerade gleich $3a_0 + 3a_3 + 3a_6 + 3a_6 + ...$, also gleich dem Dreifachen der Anzahl aller Teilmengen mit einer durch 3 teilbaren Summe! Für $n = 3$ ist dies gleich 12; in der Tat gibt es 4 Teilmengen der Menge $\{1,2,3\}$ mit einer durch 3 teilbaren Summe.

Weiter ist allgemein $f_n(1) = 2^n$, und es gilt für ein durch 3 teilbares n:

$$f_n(v) = \underbrace{\left(1+v^1\right) \cdot \left(1+v^2\right) \cdot \left(1+v^3\right)}_{=2} \cdot \underbrace{\left(1+v^4\right) \cdot \left(1+v^5\right) \cdot \left(1+v^6\right)}_{=2} \cdot ... = 2^{n/3}$$

$$f_n(v^2) = \underbrace{\left(1+v^2\right) \cdot \left(1+v^4\right) \cdot \left(1+v^6\right)}_{=2} \cdot \underbrace{\left(1+v^8\right) \cdot \left(1+v^{10}\right) \cdot \left(1+v^{12}\right)}_{=2} \cdot ... = 2^{n/3}$$

Denn immer drei dieser Faktoren zusammen genommen ergeben 2. Damit wird die Summe dieser drei Funktionswerte für ein durch 3 teilbares n gleich

$$f_n(1) + f_n(v) + f_n(v^2) = 3 \cdot \left(a_o + a_3 + a_6 + ...\right) = 2^n + 2 \cdot 2^{n/3}.$$

Wenn n ein Vielfaches von 3 ist, dann haben allgemein eine Anzahl von $\dfrac{2^n + 2^{n/3+1}}{3}$ Teilmengen der Menge $\{1,2,3,4,...,n\}$ eine Summe ihrer Elemente, die durch 3 teilbar ist.

Für $n = 6$ sind dies 24 von 64 Teilmengen, also 37.5 %:

$$\{\{\},\{1\},\{2\},\{3\},\{4\},\{5\},\{6\},\{1,2\},\{1,3\},\{1,4\},\{1,5\},\{1,6\},\{2,3\},\{2,4\},\{2,5\},\{2,6\},\{3,4\},$$
$$\{3,5\},\{3,6\},\{4,5\},\{4,6\},\{5,6\},\{1,2,3\},\{1,2,4\},\{1,2,5\},\{1,2,6\},\{1,3,4\},\{1,3,5\},\{1,3,6\},$$
$$\{1,4,5\},\{1,4,6\},\{1,5,6\},\{2,3,4\},\{2,3,5\},\{2,3,6\},\{2,4,5\},\{2,4,6\},\{2,5,6\},\{3,4,5\},\{3,4,6\},$$
$$\{3,5,6\},\{4,5,6\},\{1,2,3,4\},\{1,2,3,5\},\{1,2,3,6\},\{1,2,4,5\},\{1,2,4,6\},\{1,2,5,6\},\{1,3,4,5\},$$
$$\{1,3,4,6\},\{1,3,5,6\},\{1,4,5,6\},\{2,3,4,5\},\{2,3,4,6\},\{2,3,5,6\},\{2,4,5,6\},\{3,4,5,6\},$$
$$\{1,2,3,4,5\},\{1,2,3,4,6\},\{1,2,3,5,6\},\{1,2,4,5,6\},\{1,3,4,5,6\},\{2,3,4,5,6\},\{1,2,3,4,5,6\}\}$$

Für $n = 9$ sind dies 176 von 512 Teilmengen, also 34.375 %. Für $n = 300$ sind dies etwa $6.79 \cdot 10^{89}$ von etwa $20.37 \cdot 10^{89}$ Teilmengen, was als Bruchteil nur gerade um etwa $1.245 \cdot 10^{-58}$ % (!) grösser als ein Drittel ist.

P.S.: Vielen Dank für die Idee an "Ein cleverer Trick: erzeugende Funktionen"; Weitz, HAW Hamburg.

Erzeugende Funktionen für vorgegebene Folgen

Hier ein paar Beispiele für erzeugende Funktionen bekannter Folgen:

Geometrische Reihe: $\quad f(x) = \dfrac{1}{1-x} = 1 + x + x^2 + x^3 + \ldots = \sum_{n=0}^{\infty} 1 \cdot x^n$.

Davon abgeleitet: $\quad f(x) = \dfrac{1}{(1-x)^2} = 1 + 2x + 3x^2 + \ldots = \sum_{n=0}^{\infty} (n+1) \cdot x^n$, und weiter

$$f(x) = \frac{x}{(1-x)^2} = 0 \cdot x^0 + 1 \cdot x^1 + 2x^2 + 3x^3 + \ldots : \text{Die erzeugende Funktion von } \mathbb{N}_0 .$$

Beide Seiten abgeleitet und mit x multipliziert, ergibt

$$f(x) = x \cdot \frac{1+x}{(1-x)^3} = 0 \cdot x^0 + 1 \cdot x^1 + 4x^2 + 9x^3 + \ldots : \text{Die erzeugende Funktion der Quadratzahlen!}$$

Fibonacci–Zahlen: $\quad f(x) = \dfrac{1}{1-x-x^2} = 1 + 1x + 2x^2 + 3x^3 + 5x^4 + \ldots = \sum_{n=0}^{\infty} F_{n+1} \cdot x^n$.

Nun soll für eine rekursiv definierte Folge die zugehörige erzeugende Funktion gefunden werden.

Bsp.: $a_n := 3a_{n-1} + n, \forall n \geq 1, a_0 = 0$. Die gesuchte erzeugende Funktion sei $f(x) = \sum_{n=0}^{\infty} a_n \cdot x^n$.

Die ersten paar Glieder dieser Folge lauten wie folgt: $\begin{pmatrix} n: & 0 & 1 & 2 & 3 & 4 & 5 & \ldots \\ a_n: & 0 & 1 & 5 & 18 & 58 & 179 & \ldots \end{pmatrix}$, was

aber für die Herleitung von $f(x)$ nicht verwendet wird.

Wir nehmen die Definition ernst, und nach ein paar Summenumformungen ergibt sich:

$$f(x) = \sum_{n=0}^{\infty} a_n \cdot x^n = 3 \cdot \sum_{n=1}^{\infty} a_{n-1} \cdot x^n + \sum_{n=1}^{\infty} n \cdot x^n$$

$$= 3 \cdot \sum_{n=0}^{\infty} a_n \cdot x^{n+1} + x \cdot \sum_{n=0}^{\infty} (n+1) \cdot x^n$$

$$= 3 \cdot x \cdot f(x) + x \cdot \frac{1}{(1-x)^2}$$

Diese Gleichung kann nun locker nach $f(x)$ aufgelöst werden, und wir erhalten

$$f(x) = \frac{x}{(x-1)^2 \cdot (1-3x)} .$$

Die Taylorentwicklung dieser Funktion um $x_0 = 0$ ergibt dann auch wie erwartet tatsächlich

$$0 \cdot x^0 + 1 \cdot x^1 + 5x^2 + 18x^3 + 58x^4 + 179x^5 + \ldots .$$

$$\left\{ n^6, -\frac{x\left(1 + 57x + 302x^2 + 302x^3 + 57x^4 + x^5\right)}{(-1+x)^7} \right\},$$

$$\left\{ n^7, \frac{x\left(1 + 120x + 1191x^2 + 2416x^3 + 1191x^4 + 120x^5 + x^6\right)}{(-1+x)^8} \right\}$$

In der Graphik rechts finden sich als Beispiele noch die erzeugenden Funktionen für n^6 und n^7. Die Koeffizienten im Zähler sind jeweils die Zahlen des Euler'schen Dreiecks.

Bemerkenswertes zur Definition der Euler'schen Zahl e.

Die Euler'sche Zahl $e = 2.71828...$ wird in der Regel wie folgt als Grenzwert definiert:

$$e = \lim_{n \to \infty} \left(1 + \frac{1}{n}\right)^n$$

Interessant ist die Behauptung, dass dann $\lim_{n \to \infty} \left(1 - \frac{1}{n}\right)^n = \frac{1}{e}$ wird! Dies kann wie folgt plausibel gemacht werden: Da beide Grenzwerte existieren, wird das Produkt ihrer Grenzwerte gleich dem Grenzwert des Produkts:

$$\lim_{n \to \infty} \left(\left(1 + \frac{1}{n}\right) \cdot \left(1 - \frac{1}{n}\right)\right)^n = \lim_{n \to \infty} \left(1 - \frac{1}{n^2}\right)^n.$$

Die folgende Tabelle gibt den Wert $a(n) = \left(1 - \frac{1}{n^2}\right)^n$ für die ersten paar hundert Werte von n wieder:

$$\begin{pmatrix} n: & 100 & 200 & 300 & 400 & 500 \\ a(n): & 0.99005 & 0.99501 & 0.99667 & 0.99751 & 0.99800 \end{pmatrix}.$$

Es erscheint überzeugend, dass der Grenzwert dieser Folge $a(n)$ für $n \to \infty$ gleich 1 sein könnte, womit die Vermutung bewiesen wäre...!

Ein überzeugenderer Beweis – Dank an Jörg Zinn – folgt hier. Es gilt für $a \neq 0$:

$$\lim_{n \to \infty} \left(1 + \frac{a}{n}\right)^n = \lim_{n \to \infty} \left[\left(1 + \frac{1}{n/a}\right)^{n/a}\right]^a = \lim_{\substack{m := n/a \\ m \to \infty}} \left[\left(1 + \frac{1}{m}\right)^m\right]^a = e^a.$$

Für $a = (-1)$ folgt daraus die Behauptung.

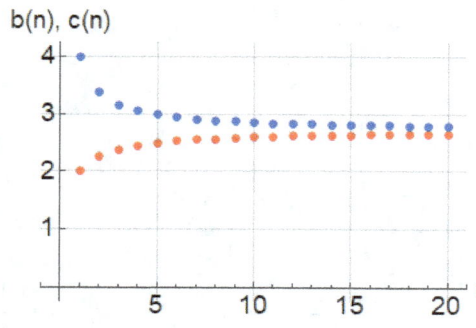

Ebenfalls interessant ist die Tatsache, dass die Folge $b(n) = \left(1 + \frac{1}{n}\right)^n$ streng monoton zunimmt, die Folge $c(n) = \left(1 + \frac{1}{n}\right)^{n+1}$ aber streng monoton abnimmt, wie sich dies aus der nebenstehenden Graphik als plausibel ergibt. Ihr Quotient $\frac{c(n)}{b(n)}$ ist gleich $\left(1 + \frac{1}{n}\right)$, was für $n \to \infty$ den Grenzwert 1 ergibt: Beide dieser Folgen konvergieren gegen die Euler'sche Zahl e.

Wie kommt das Zebra zu seinen Streifen?

Die Streifen der Zebras sollen gut dafür sein, um Mücken zu irritieren und vom Stechen abzuhalten. Aber wie kommt das Zebra zu diesen Streifen? Und wie kommt der Leopard zu seinen Punkten?

Diese Fragen wurde von Alan Turing (**Alan Mathison Turing** (*23. Juni 1912 in London; † 7. Juni 1954 in Wilmslow, Cheshire), britischer Logiker, Mathematiker, Kryptoanalytiker und Informatiker) in seinem 1952 veröffentlichten Artikel "The Chemical Basis of Morphogenesis" beantwortet. In diesem Artikel wurde erstmals ein Mechanismus beschrieben, wie Reaktions-Diffusions-Systeme spontan Strukturen entwickeln können. Dies geschieht auf der Basis von zwei miteinander chemisch reagierenden und sich diffundierend ausbreitenden Substanzen, den 'Morphogen'.

Für die numerische Simulation dieses Prozesses gehen wir von einem quadratischen Gitter mit 2500 Gitterpunkten aus, bei welchem zu Beginn jedem Gitterpunkt ein Wert 1 eines Morphogens A und ein Wert 0 eines Morphogens B zugeordnet wird, ausgenommen in einigen kleinen Bereichen, in denen das Morphogen B ebenfalls den Wert 1 hat. Jetzt werden diese Werte nach folgendem Algorithmus mehrfach wiederholt erneuert, mit $\Delta t = 2$ (s. youtube.com/watch?v=BV9ny785UNc):

$$A_{neu} = A + (D_A \cdot \nabla_A^2 A - A \cdot B^2 + f(1-A)) \cdot \Delta t$$

$$B_{neu} = B + (D_B \cdot \nabla_B^2 B + A \cdot B^2 - (k+f) \cdot B) \cdot \Delta t$$

Für die praktische Simulation wurden die Diffusionsraten $D_A = 1.0$, $D_B = 0.5$ gewählt, sowie eine Zuführungsrate $f = 0.055$ und eine Löschrate $k = 0.062$; AB^2 gibt die Wahrscheinlichkeit an, dass ein Molekül A auf zwei Moleküle B trifft und dabei das Molekül A in ein Molekül B verwandelt wird. Der Term $\nabla_A^2 A$ ist ein digitaler Laplace–Operator, angewendet auf die Werte von A:

0.05	0.2	0.05
0.2	−1	0.2
0.05	0.2	0.05

Der Laplace–Operator $\nabla_A^2 A$ ergibt einen Wert, der gleich dem mit den nebenstehenden Gewichten gewichtete Mittel von A selber und seinen acht Nachbarn ist, mit analoger Definition für $\nabla_B^2 B$. Es wurden 30 Iterationen durchgeführt:

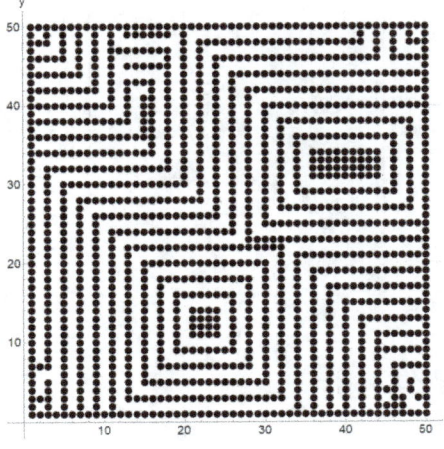

Links wurden als 'kleine Bereiche' zwei Rechteckflächen ausgewählt, die immer noch sichtbar sind; rechts wurden drei annähernd kreisförmige Bereiche ausgewählt.

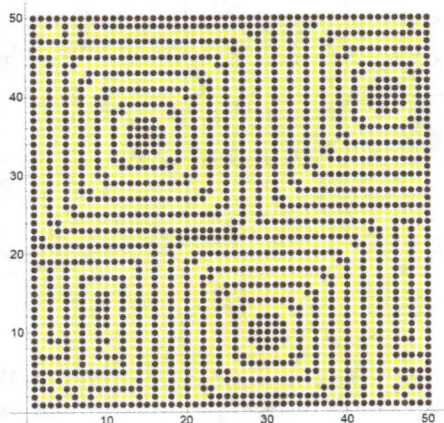

Ob das Zebra mit diesen mathematischen Streifen – und der Leopard mit diesen mathematischen Flecken – zufrieden wären?

Vier Appetithäppchen

1. Die Graphen der Funktionen $y(x) = e^x$ und $y(x) = \sqrt{x+a}$ sollen sich berühren.

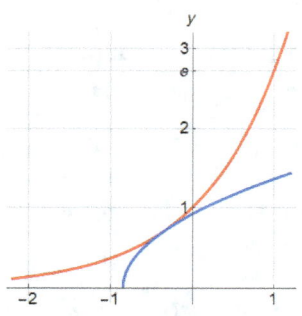

Dies ist offensichtlich möglich bei richtiger Wahl von a, wie dies aus der Figur links ersichtlich ist.

Ebenfalls ersichtlich ist, dass $a \approx 0.847$ eine gute Wahl sein könnte. Was ist aber der exakte Wert von a?

Tipp:

Bei Aufgaben dieser Art gilt im Berührungspunkt:

$$f(x) = g(x) \ \wedge \ f'(x) = g'(x).$$

Daraus folgt, dass $a = \dfrac{1 + \ln(2)}{2}$ sein muss. Aber wie kann dies genau hergeleitet werden?!

2. Wie kann $y(x) = x^{\left(\frac{1}{\ln(1/x)}\right)}$ vereinfacht werden?

Der Definitionsbereich dieser Funktion ist $\mathbb{D} = \mathbb{R}^+ \setminus \{1\}$. Könnte

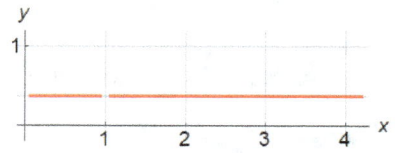

in der Figur rechts der richtige Graph dieser Funktion dargestellt sein? Ist diese Funktion wirklich konstant? Was wäre dann der Wert dieser Konstanten?

3. Wie gross ist die Wahrscheinlichkeit W, dass zwei im Intervall [0, 1] je zufällig ausgewählte Zahlen x und y einen Abstand haben, der kleiner oder gleich einem Drittel, oder allgemein gleich q mit $0 \leq q \leq 1$, ist?

Eine einfache Simulation mit 1000 Paaren von Zufallszahlen ergibt für $q = \dfrac{1}{3}$ einen Annäherungswert von $W \approx 0.568$. Wie gross ist diese Wahrscheinlichkeit exakt? Wie gross ist $W = W(q)$ allgemein? Als Tipp dient die rechts wiedergegebene Graphik!

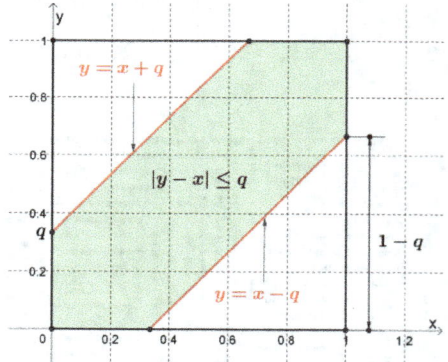

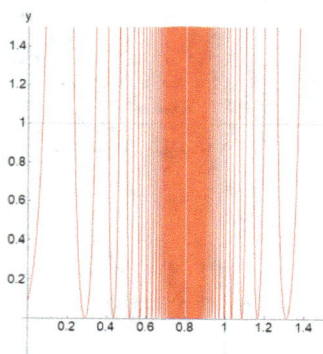

4. "Gib einen Häufungspunkt von Polen an!"

"Warschau!".

Grundlagen

"Die natürlichen Zahlen hat der liebe Gott gemacht, alles andere ist Menschenwerk":

Leopold Kronecker (* 7. Dezember 1823 in Liegnitz; † 29. Dezember 1891 in Berlin), deutscher Mathematiker.

Die Standardmengen:

$\mathbb{N}$ = {1, 2, 3, 4,...} = Menge der natürlichen Zahlen = $\mathbb{Z}^+$ = Menge der positiven ganzen Zahlen.

$\mathbb{N}_o$ = {0, 1, 2, 3, 4, ...} = Menge der natürlichen Zahlen mit Null = $\mathbb{Z}_o^+$ = Menge der nicht negativen ganzen Zahlen.

$\mathbb{Z}^-$ = {−1, −2, −3, −4, ...} = Menge der negativen ganzen Zahlen.

$\mathbb{Z}_o^-$ = {0, −1, −2, −3, −4, ...} = Menge der nicht positiven ganzen Zahlen.

$\mathbb{Q}$ = Menge der rationalen Zahlen = Menge aller Brüche: $\left\{ -\dfrac{3}{4}, 0, 11, \dfrac{8}{3}, ... \right\} \subset \mathbb{Q}$

$\mathbb{Q}^+$ = Menge der positiven rationalen Zahlen; $\mathbb{Q}_o^+$ = Menge der positiven rationalen Zahlen mit Null.

$\mathbb{Q}^-$ = Menge der negativen rationalen Zahlen; $\mathbb{Q}_o^-$ = Menge der negativen rationalen Zahlen mit Null.

$\mathbb{R}$ = Menge der reellen Zahlen. Das sind alle Zahlen auf der Zahlengeraden:

$$\left\{ -3, 0, \frac{3}{4}, 8, -\sqrt{2}, \pi, ... \right\} \subset \mathbb{R}.$$

$\mathbb{R}^+$ = Menge der positiven reellen Zahlen; $\mathbb{R}_o^+$ = Menge der positiven reellen Zahlen mit Null.

$\mathbb{R}^-$ = Menge der negativen reellen Zahlen; $\mathbb{R}_o^-$ = Menge der negativen reellen Zahlen mit Null.

Algebraische Zahlen: Dies sind Zahlen, die Lösung einer Polynomgleichung mit ganzzahligen Koeffizienten sind. So ist z. B. $\dfrac{1}{6} \cdot \left(-5 + \sqrt{6} \right)$ eine algebraische Zahl, weil sie Lösung der Gleichung

$3x^2 + 5x - 3 = 0$ ist.

Alle anderen reellen Zahlens sind **transzendente** Zahlen: So ist beispielsweise die Liouville − Zahl

$L = \sum_{k=1}^{\infty} 10^{-n!} = 0.110001000000000000000001000...$ transzendent, ebenso wie die Zahlen e

und π. Der Beweis der Transzendenz einer Zahl ist in der Regel recht aufwendig:

Der Beweis, dass e nicht nur irrational, sondern sogar transzendent ist, ist kompliziert und wurde zuerst 1873 von Charles Hermite geführt. Ferdinand von Lindemann bewies dies für die Zahl π.

Aussagen und Aussageformen

Gleichungen und Ungleichungen sind wichtige Objekte der Mathematik Die Kunst, diese umzuformen und zu lösen, ist das Gebiet der Algebra.

Eine Gleichung, in der **keine** Variable vorkommt, ist eine **Aussage**. Bei Aussagen ist es sinnvoll, zu fragen, ob sie wahr oder falsch seien. Beispiele: $1+2+3 = 1 \cdot 2 \cdot 3$ und $2^4 = 4^2$ sind beides **wahre** Aussagen, und $3^2 = 2^3$ und $100^{99} > 99^{100}$ sind beides **falsche** Aussagen.

Kommt in einer Gleichung oder Ungleichung mindestens eine Variable vor, so ist diese eine **Aussageform**. Dabei muss definiert sein, was die Grundmenge $\mathbb{G}$ ist. Sie ist die Menge aller möglichen Einsetzungen, die sinnvollerweise für die Variable eingesetzt werden kann. Für gewisse Einsetzungen ergeben sich dann wahr Aussagen, für andere falsche Aussagen. In der Aussageform "x ist die Hauptstadt der Schweiz" können für x im Prinzip die Hauptstädte aller Länder eingesetzt werden, aber "Paris ist die Hauptstadt der Schweiz" z. B. ergibt eine falsche, und nur "Bern ist die Hauptstadt der Schweiz" ergibt eine wahre Aussage.

Dies ist bei Gleichungen genau gleich. Die Gleichung $x^3 - 6x^2 + 11x - 6 = 0$ mit der Grundmenge $\mathbb{G} = \mathbb{N}$ ergibt genau für $x \in \{1, 2, 3\}$ eine wahre Aussage. Für alle anderen Einsetzungen ergibt sich eine falsche Aussage. Diese Menge $\{1, 2, 3\}$ heisst Lösungsmenge $\mathbb{L}$ dieser Aussageform. Entsprechend ist für die Aussageform $(x-2) \cdot (x-5) \leq 0$ bei der Grundmenge $\mathbb{G} = \mathbb{N}$ die Lösungsmenge $\mathbb{L} = \{2, 3, 4, 5\}$.

Besonderheit bei linearen Gleichungen

Eine Gleichung, die auf die dazu äquivalente Form $a \cdot x = b$ (mit $a, b \in \mathbb{R}$) gebracht werden kann, heisst lineare Gleichung.

Ist $a \neq 0$, dann hat diese Gleichung **immer genau eine Lösung**: $x = \dfrac{b}{a}$. Das ist der Normalfall. Ist hingegen $a = 0$, dann kommt es auf b an: Ist $a = 0$ und $b \neq 0$, dann ist dies eine falsche Aussage, und die Lösungsmenge ist leer: **Die Aussageform heisst nicht erfüllbar.**
Ist $a = 0$ und $b = 0$, dann ergibt **jede** Einsetzung von x eine wahre Aussage: Die Lösungsmenge ist gleich der Grundmenge. **Die Aussageform heisst allgemein gültig.** Sie ist eine Formel.

Es ist nicht möglich, dass eine lineare Gleichung z. B. genau zwei oder genau drei verschiedene Lösung haben kann!

Beispiele:

$10x = 2 \cdot (5x + 1) \Leftrightarrow 0 = 1$. Diese Aussageform ist nicht erfüllbar: $\mathbb{L} = \{\ \}$.

$12x + 5 = 6 \cdot 2x + 5 \Leftrightarrow 0 = 0$. Diese Aussageform ergibt mit **jeder** Einsetzung für x eine wahre Aussage. Sie ist eine allgemeingültige Aussageform oder eben eine Formel.

Harmonisches Mittel schnell konstruiert

Die übliche Konstruktion des arithmetischen (a), geometrischen (g) und harmonischen Mittels (h) zweier Strecken u und v verwendet den Höhensatz und den Satz des Pythagoras:

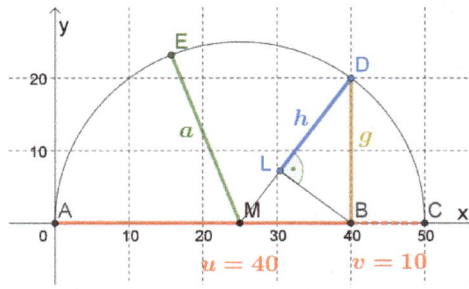

Im links wiedergegebenen Beispiel, das sich selbst erklärt, wurden $u = 40$ und $v = 10$ gewählt, was den Vorteil hat, dass alle diese drei Mittel ganzzahlig werden:

$$a := \frac{u+v}{2} = 25; \quad g := \sqrt{u \cdot v} = 20; \quad h := \frac{2u \cdot v}{u+v} = 16.$$

Ebenfalls ersichtlich wird aus dieser Figur, dass $a \geq g \geq h$ ist, was auch leicht algebraisch bewiesen werden könnte. Ausserdem wird klar, dass genau für $u = v$ alle diese Mittel zusammenfallen.

Eine einfachere Konstruktion für das harmonische Mittel h ist in der rechts wiedergegebenen Figur dargestellt, in der die gleichen Werte für u und v wie oben gewählt wurden: Die erste Strecke $u = \overline{AB}$ wird von der x-Achse aus auf der positiven y-Achse abgetragen. In einem beliebigen Abstand $x = d > 0$ wird die zweite Strecke $v = \overline{CD}$ analog parallel zur y-Achse abgetragen. Jetzt werden die Punkte A und D sowie B und C mit je einer Geraden verbunden, die sich im Schnittpunkt S schneiden, für den gilt, dass

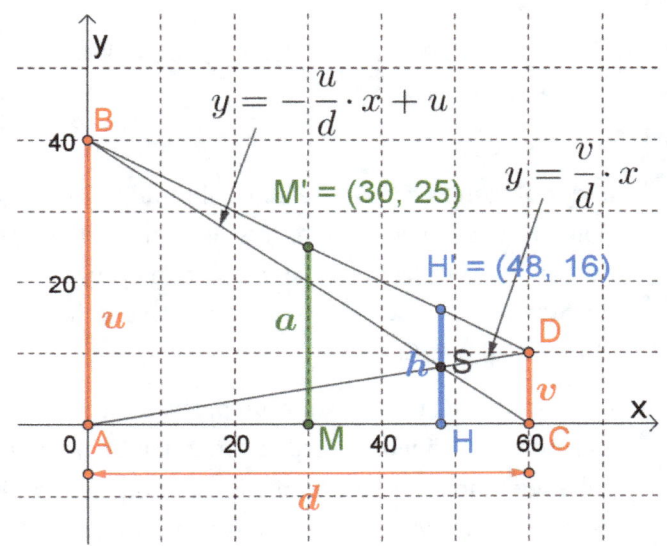

$-\frac{u}{d} \cdot x + u = \frac{v}{d} \cdot x$ ist. Für die x-Koordinate

von S gilt dann: $S_x = x = \dfrac{d \cdot u}{u+v}$, und für die y-Koordinate von S ergibt sich weiter:

$$S_y = y = \frac{v}{d} \cdot \underbrace{\frac{d \cdot u}{u+v}}_{=x} = \frac{u \cdot v}{u+v} := \frac{1}{2} \cdot h.$$

Eine Verdoppelung des Abstands von S von der x-Achse ergibt somit gerade das harmonische Mittel $h = 2\overline{HS} = \overline{HH}'$, unabhängig von der ursprünglichen Wahl des Parameters d !

Das arithmetische Mittel a ergibt sich hier noch einfacher, was ebenfalls aus obiger Skizze nachvollziehbar ist. Das geometrische Mittel g findet sich in dieser Konstruktion leider allerdings nicht.

Interessant ist diese Konstruktion auch für Kunstmaler, wenn z. B. in einer perspektivischen Darstellung einer geraden Strasse in der Mitte zwischen zwei Telefonstangen AB und CD eine weitere Stange eingezeichnet werden soll: Diese entspricht dann der Strecke $\overline{HH}'$.

Perspektivisch dritteln

In einer perspektivischen Darstellung einer geraden Strasse sind zwei Telefonstangen AB und CD vorgegeben. Zwischen diesen beiden sollen zwei (!) weitere Stangen PQ und RS so aufgestellt werden, dass die Abstände zwischen aufeinanderfolgenden Stangen in Wirklichkeit gleich sind. Wo müssen diese Stangen eingezeichnet werden?

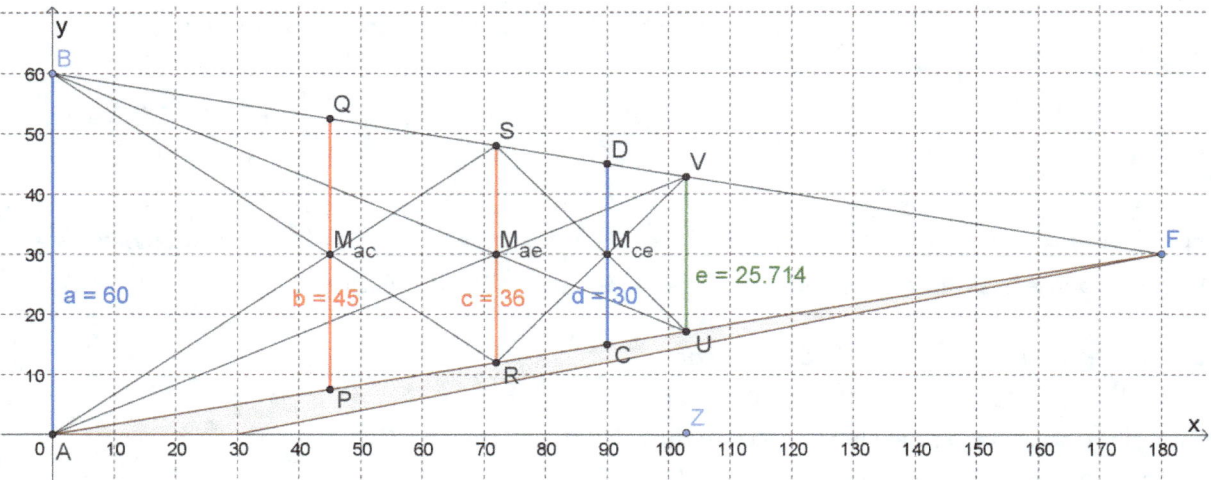

In der obigen Skizze wurde eine Hilfsstange UV eingezeichnet. Aus der üblichen Konstruktion für die Halbierung eines Abstandes in einer perspektivischen Darstellung wird klar, dass die Stange SR korrekt in der Mitte zwischen den Stangen AB und UV eingezeichnet worden ist. Dies gilt analog auch für die Stangen PQ und CD. Die Stangen PQ und RS dritteln also in Wirklichkeit die Strecke zwischen den Stangen AB und CD.

Die Stangen PQ und RS könnten problemlos richtig eingezeichnet werden, wenn ihre Längen bekannt wären! Diese Längen b resp. c können aber einfach berechnet werden, wenn die Längen der vorgegebenen Stangen AB = a und CD = d bekannt sind, denn die Länge einer Stange in der Mitte von zwei gegebenen Stangen ist jeweils das harmonische Mittel der Längen ihrer Nachbarn. Also muss gelten:

$\dfrac{2ac}{a+c} = b$ $\wedge$ $\dfrac{2bd}{b+d} = c$. Dieses System hat die Lösung $\left\{ b = \dfrac{3ad}{a+2d}, c = \dfrac{3ad}{2a+d} \right\}$. Mit den oben

verwendeten Beispielszahlen a = 60 und d = 30 ergibt sich b = 45 und c = 36, was mit der obigen Skizze übereinstimmt. Mit diesen gegebenen Längen kann dann auch sofort der Ort gefunden werden, an dem die Stangen eingezeichnet werden müssen.

Als Verallgemeinerung können auch die Längen einer Anzahl $n > 2$ neuer Stangen berechnet werden, die in gleichen Abständen zwischen zwei gegebene Stangen eingesetzt werden sollen. Dies ergibt ein leicht zu lösendes Gleichungssystem mit n entsprechenden Gleichungen für die n Längen der neu einzusetzenden Stangen. Für $n \in \{3, 7, 15, ...\}$ muss schon gar nichts gerechnet werden!

In der Darstellenden Geometrie sind natürlich konstruktive geometrische Methoden bekannt, mit welchen die wahre Länge einer Strecke dargestellt werden kann. Diese wahre Länge kann dann z. B. gedrittelt werden, was kein Problem darstellt, und anschliessend können diese Teilpunkte wieder perspektivisch dargestellt werden, wodurch das gestellte Problem ebenfalls gelöst ist.

Der Satz von Fubini

Erstmals wurde dieser Satz 1907 von **Guido Fubini** (* 19. Januar 1879 in Venedig; † 6. Juni 1943 in New York; italienischer Mathematiker) bewiesen.

Der Satz besagt, dass das Volumen $V = \int_{x,y} f(x,y)\, dx\, dy$ unter einer durch eine Funktion $f(x,y)$ definierten Fläche durch zwei iterierte Integrale berechnet werden kann, und dass die Reihenfolge der Integrationen keine Rolle spielt. Für die Bereiche $x \in [a,b]$ und $y \in [c,d]$ gilt darum:

$$V = \int_{x,y} f(x,y)\, dx\, dy = \underbrace{\int_{x=a}^{b} \left(\int_{y=c}^{d} f(x,y)\, dy \right) dx}_{\text{Variante 1}} = \underbrace{\int_{y=c}^{d} \left(\int_{x=a}^{b} f(x,y)\, dx \right) dy}_{\text{Variante 2}}.$$

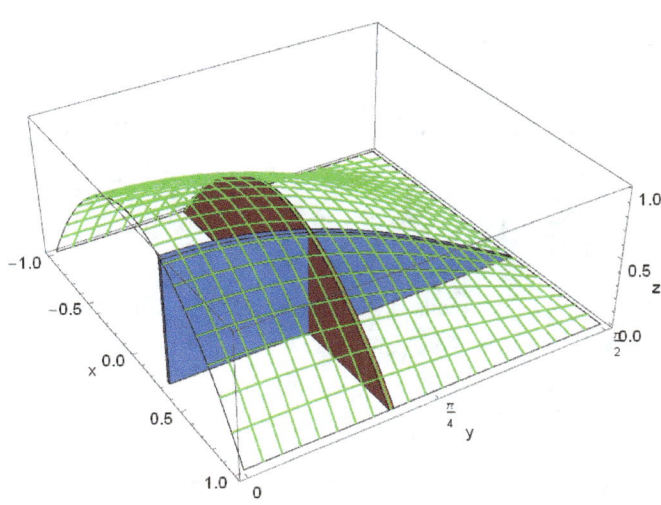

Anschaulich entspricht dies in etwa der Erkenntnis, dass z. B. ein Laib Brot das gleiche Volumen hat, ob er nun in einer ersten Richtung oder aber in einer dazu senkrechten Richtung in parallele dünne Scheiben geschnitten wird! S. Prinzip von Cavalieri!

Mit der links wiedergegebenen Graphik soll dies an einem Beispiel gezeigt werden. Als Funktion wurde

$$f(x,y) = -(x-1) \cdot (x+1) \cdot \cos(y) \text{ gewählt,}$$

und als Bereiche $x \in [-1,1]$ und $y \in \left[0, \dfrac{\pi}{2}\right]$.

Die beiden eingezeichneten Schnitte befinden sich an den willkürlich gewählten Stellen $x = 0.3$ respektive $y = 0.6$.

Mit der Variante 1 wird zunächst das Integral über y ausgewertet; x bleibt dabei konstant:

$$\int_{0}^{\pi/2} -(x-1)\cdot(x+1)\cdot\cos(y)\cdot dy = \left\lfloor -(x-1)\cdot(x+1)\cdot\sin(y) \right\rfloor_{0}^{\pi/2} = -(x-1)\cdot(x+1).$$

Weiter ergibt nun das zweite Integral über x den Wert $V = \int_{-1}^{1} -(x-1)\cdot(x-1)\, dx = \dfrac{4}{3}$.

Mit der Variante 2 wird zuerst das Integral über x ausgewertet; y bleibt dabei konstant:

$$\int_{-1}^{1} -(x-1)\cdot(x+1)\cdot\cos(y) = \left\lfloor -\left(-x + \dfrac{x^3}{3}\right)\cdot\cos(y) \right\rfloor_{-1}^{1} = \dfrac{4}{3}\cdot\cos(y).$$

Weiter ergibt das zweite Integral über y nun wiederum den gleichen Wert:

$$V = \int_{0}^{\pi/2} \dfrac{4}{3}\cos(y)\, dy = \left\lfloor \dfrac{4}{3}\cdot\sin(y) \right\rfloor_{0}^{\pi/2} = \dfrac{4}{3}.$$

Es versteht sich fast von selbst, dass der Satz von Fubini nur für 'nette', d. h. mindestens integrierbare, Funktionen $f(x,y)$ gilt.

Graue und rote Eichhörnchen

Es gibt rote und graue Eichhörnchen, die sich bekanntlich nicht allzu gut vertragen. Zumindest besteht zwischen diesen beiden Arten ein Konflikt, der dazu führt, dass es offenbar immer mehr graue und immer weniger rote Eichhörnchen gibt.

Mathematisch kann dieser Konflikt auf verschiedene Arten modelliert werden. Ein einfaches Modell dafür ist gegeben durch $\begin{vmatrix} \dot{g} = g \cdot (1-g) - \gamma \cdot g \cdot r \\ \dot{r} = r \cdot (1-r) - \rho \cdot r \cdot g \end{vmatrix}$, wobei g ein Mass für die Anzahl grauer, und r ein Mass für die Anzahl roter Eichhörnchen darstellt. Die Terme $\dot{g}$ resp. $\dot{r}$ geben die Änderungsraten von g resp. r an. Der Term $g \cdot (1-g)$ stellt sicher, dass g in vernünftigen Bereichen, etwa zwischen 0 und 1, bleibt. Die Konstante γ gibt an, wie sehr sich die grauen Eichhörnchen durch das Vorhandensein von roten in ihrer Entwicklung gestört fühlen. Das Entsprechende gilt für die Terme r und ρ.

In der vorliegenden Simulation gehen wir von Anfangswerten $r_o = 0.8$ und $g_o = 0.2$ aus – es hat also zu Beginn vier Mal so viele rote wie graue Eichhörnchen. Für Δt wurde 0.15 gewählt, und für ρ wählen wir den konstant hohen Wert 0.8, während sich γ in der Abfolge der Graphiken von links oben nach rechts unten von ebenfalls 0.8 über 0.7, 0.6, ... immer jeweils um 0.1 verringert; in der letzten Graphik unten rechts ist dann γ = 0.1. (t ist in Einheiten von 0.15!).

In der ersten Graphik gleichen sich die Populationen aus. In den weiteren Graphiken hilft es den grauen Eichhörnchen, dass sie sich offenbar durch die roten weniger gestört fühlen als umgekehrt, wodurch die Population der roten Eichhörnchen abnimmt und die der roten zunimmt.

Es ist interessant, dass sich in diesem Modell für $t \to \infty$ offenbar immer ein stationäres Verhältnis von $r : g$ einstellt.

Ob die Eichhörnchen sich mit den obigen Folgerungen einverstanden erklären können, entzieht sich unserer Kenntnis.

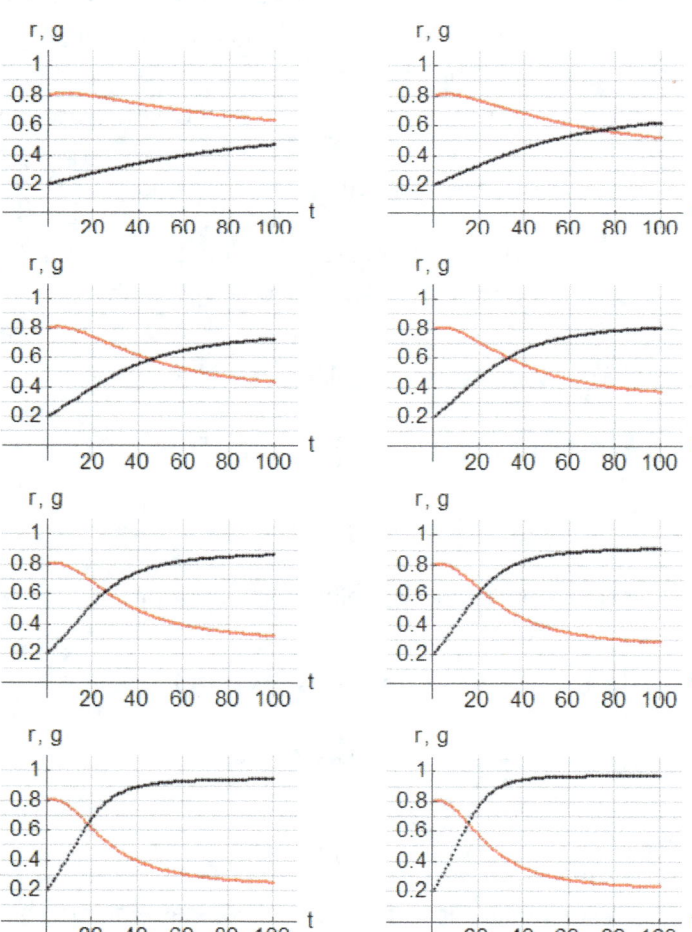

Ein sanfter Schritt

Die Signum– oder Vorzeichen– Funktion $sign(x)$ ist eine bekannte Schritt–Funktion. Sie ist gegeben

durch $sign(x) := \begin{cases} -1 \text{ für } x < 0 \\ 0 \text{ für } x = 0 \\ 1 \text{ für } x > 0 \end{cases}$. Soll sie an der Stelle $x = x_o$ von a auf $b > a$ springen, dann passt

die folgende modifizierte Funktion:

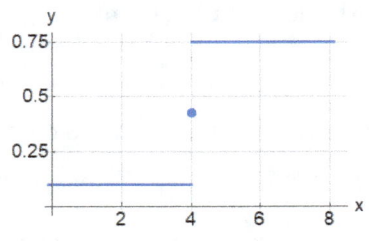

$$sign(x_o, a, b, x) := \begin{cases} a \text{ für } x < x_o \\ 0 \text{ für } x = x_o , \\ b \text{ für } x > x_o \end{cases} \quad \text{was gleich}$$

$$f(x_o, a, b, x) := \frac{a+b}{2} + \frac{(b-a)}{2} \cdot sign(x - x_o) \text{ ist.}$$

In der obigen Figur ist der Graph dieser Sprungfunktion wiedergegeben, mit $x_o = 4$, $a = 0.1$ und $b = 0.75$.

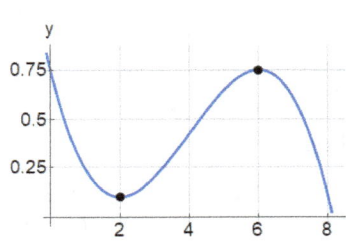

Ist hingegen ein sanfterer Schritt von einer Stelle (x_1, y_1) zu einer Stelle (x_2, y_2) erwünscht, dann kann dies z. B. mit Hilfe einer kubischen Funktion geschehen, die im Punkt (x_1, y_1) ihren Tiefpunkt und im Punkt (x_2, y_2) ihren Hochpunkt hat, wie dies in der Figur links für $(x_1, y_1) = (2, 0.1)$ und $(x_2, y_2) = (6, 0.75)$ dargestellt ist.

Der Graph der allgemeinen kubischen Funktion $f(x) = ax^3 + bx^2 + cx + d$ soll also durch die Punkte (x_1, y_1) und (x_2, y_2) gehen und dort jeweils eine horizontale Tangente aufweisen. Die Ableitungs-

funktion ist gegeben durch $f'(x) = 3ax^2 + 2bx + c$. Das führt auf das Gleichungssystem

$|f(x_1) = y_1, f(x_2) = y_2, f'(x_1) = 0, f'(x_2) = 0|$ für die Koeffizienten a, b, c und d, mit der Lösung

$$f(x_1, y_1, x_2, y_2, x) := \underbrace{-\frac{2(y_1 - y_2)}{(x_1 - x_2)^3} \cdot x^3}_{a} + \underbrace{\frac{3(x_1 + x_2)(y_1 - y_2)}{(x_1 - x_2)^3} \cdot x^2}_{b}$$

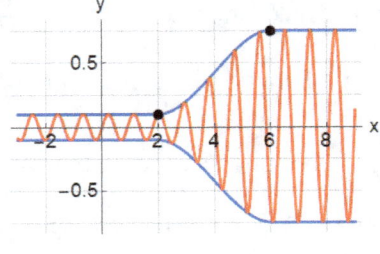

$$\underbrace{-\frac{6x_1 x_2 (y_1 - y_2)}{(x_1 - x_2)^3} \cdot x}_{c} \underbrace{-\frac{-3x_1 x_2^2 y_1 + x_2^3 y_1 - x_1^3 y_2 + 3x_1^2 x_2 y_2}{(x_1 - x_2)^3}}_{d}$$

In der rechts oben wiedergegebenen Figur ist der Graph dieser Funktion für die oben bereits erwähnten Werte der Extremalpunkte in Blau wiedergegeben, wobei sie vor und nach den Extremalpunkten konstant gewählt wird. Durch die Multiplikation mit diesem $f(x)$ kann jetzt z. B. die Amplitude der Funktion $y(x) = \sin(7x)$ von einem Wert 0.1 für $x \le 2$ mit einem sanften Schritt über den Bereich $2 \le x \le 6$ nett auf einen Wert von 0.75 für $x \ge 6$ gesteigert werden.

Involution

Um die Umkehrfunktion $f^{-1}(x)$ der Funktion $y = f(x) = \dfrac{7-x}{1+3x}$ zu finden, werden die Variablen x

und y vertauscht, und die neue Gleichung $x = \dfrac{7-y}{1+3y}$ wird dann nach y

aufgelöst. Dies ergibt die Umkehrfunktion $y = f^{-1}(x) = \dfrac{7-x}{1+3x}$. Interes-

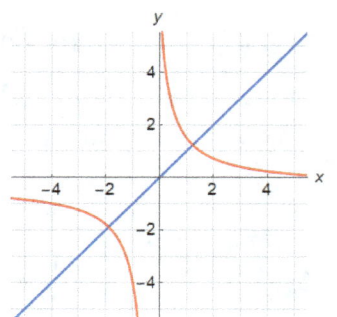

santerweise stimmen diese beiden Funktionen $f(x)$ und $f^{-1}(x)$ überein!
Das zeigt sich auch im rechts wiedergegebenen Graphen der Funktion
$f(x)$ oder $f^{-1}(x)$, der achsensymmetrisch zur Geraden $y = x$ ist.

Wie muss allgemein eine gebrochen rationale Funktionen mit je einem linearen Term im Zähler und
im Nenner beschaffen sein, damit sie gleich ihrer eigenen Umkehrfunktion wird?

Dazu muss gelten, dass $f^{-1}(x) = f(x)$ ist, respektive, dass gilt: $f(f^{-1}(x)) = x = f(f(x))$. Wir

wählen den allgemeinen Ansatz $f(x) = \dfrac{ax+b}{cx+d}$. Dann wird $x = \dfrac{a \cdot \dfrac{ax+b}{cx+d} + b}{c \cdot \dfrac{ax+b}{cx+d} + d}$. Vereinfacht ergibt

sich daraus $ab + bd + a^2 x + bcx == bcx + d^2 x + acx^2 + cdx^2$. Mit einem Koeffizientenvergleich er-

halten wir das System $\left| b \cdot (a+d) = 0,\ a^2 = d^2,\ c \cdot (a+d) = 0 \right|$. Dieses System hat prinzipiell drei Lö-

sungen: $\underbrace{\{a \to 0, d \to 0\}}_{L_1}, \underbrace{\{b \to 0, c \to 0, a \to d\}}_{L_2}, \underbrace{\{a \to -d\}}_{L_3}$. Die erste Lösung ergibt Funktionen der

Art $y = \dfrac{b}{c \cdot x}$, wobei natürlich $b \cdot c \neq 0$ sein sollte. Die zweite Lösung ergibt die Funktion

$y = \dfrac{a \cdot x}{a} = x$ mit $a \neq 0$, die allerdings keine gebrochen rationale Funktion ist, und die dritte Lösung

ergibt Funktionen der Form $y = \dfrac{a \cdot x + b}{c \cdot x - a}$, mit beliebigen a, b, c (mit $c \neq 0$). Die oben zuerst ange-

sehene Funktion ist von dieser Form, für $a = -1$ (bel.), $b = 7$ (bel.), $c = 3$ (bel., $c \neq 0$), $d = -a$.

Die allgemeine Funktion kann weiter vereinfacht werden zu $f(x) = \dfrac{x+B}{Cx-1}$, mit zwei beliebigen Kon-

stanten B und C. Für $C = 0$ ergibt dies dann auch die Spezialfälle von beliebigen Geraden mit einer Steigung von (-1).

Alternativ hätte natürlich auch der Graph der Funktion $y = f(x) = \dfrac{k}{x}$ um t nach rechts und um

ebenfalls t nach oben verschoben werden können, was zu $g(x) = \dfrac{t \cdot x - t^2 + k}{x - t}$ geführt hätte.

Die Ableitung von y(x) = ln(x)

Was ist die Ableitungsfunktion der Funktion $y(x) = \ln(x)$?

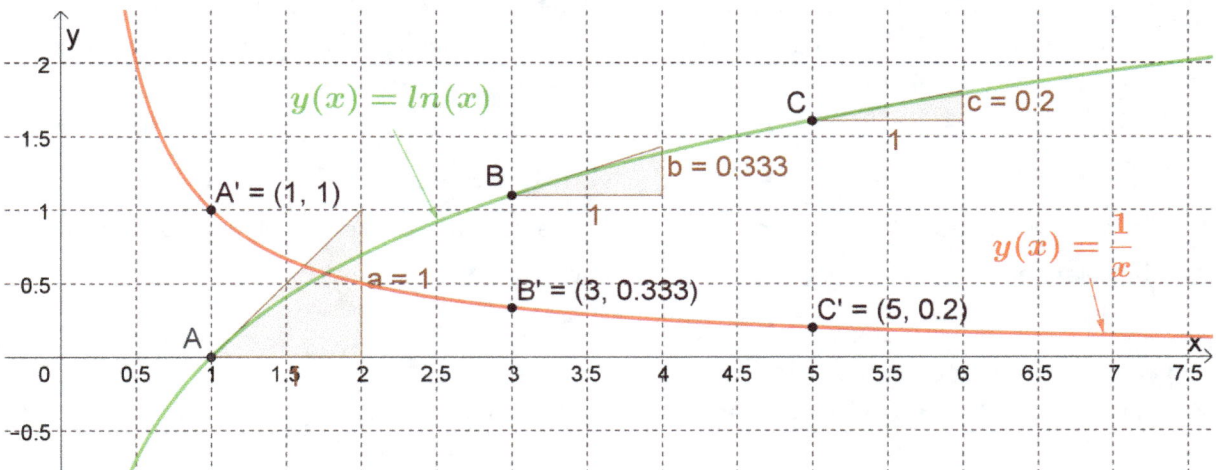

In der obigen Figur wurden die Graphen der Funktionen $y(x) = \ln(x)$ und $y(x) = \dfrac{1}{x}$ gezeichnet. Die Steigung der Logarithmusfunktion wurde an den Orten $x = 1$, $x = 3$ und $x = 5$ eingezeichnet. Sie entsprechen etwa den Werten 1, $\dfrac{1}{3}$ resp. $\dfrac{1}{5}$. Dies legt den Schluss nahe, dass $\dfrac{d}{dx}\ln(x) = \dfrac{1}{x}$ sein könnte, was hier im Folgenden bewiesen wird.

Wir verwenden dazu die **Definition** der Ableitungsfunktion, angewendet auf die Logarithmusfunktion: $\dfrac{d}{dx}\ln(x) = \lim\limits_{h \to 0}\dfrac{\ln(x+h) - \ln(x)}{h}$. Mit bekannten Logarithmen– und Potenz–Gesetzen folgt daraus: $\dfrac{d}{dx}\ln(x) = \lim\limits_{h \to 0}\left(\dfrac{1}{h} \cdot \ln\left(1 + \dfrac{h}{x}\right)\right) \Rightarrow \dfrac{d}{dx}\ln(x) = \lim\limits_{h \to 0}\ln\left(\left(1 + \dfrac{h}{x}\right)^{\frac{1}{h}}\right)$. Da die Logarithmusfunktion

stetig ist, kann der Limes mit dem Logarithmus vertauscht werden; weiter wird $\dfrac{1}{x}$ ins Spiel gebracht:

$\Rightarrow \dfrac{d}{dx}\ln(x) = \ln\left(\lim\limits_{h \to 0}\left(\left(1 + \dfrac{h}{x}\right)^{\frac{1}{h}}\right)\right) \Rightarrow \dfrac{d}{dx}\ln(x) = \dfrac{1}{x} \cdot \ln\left(\lim\limits_{h \to 0}\left(\left(1 + \dfrac{h}{x}\right)^{\frac{x}{h}}\right)\right)$. Mit der Substitution

$n := \dfrac{x}{h}$ folgt dann: $\dfrac{d}{dx}\ln(x) = \dfrac{1}{x} \cdot \ln\left(\underbrace{\lim\limits_{n \to \infty}\left(\left(1 + \dfrac{1}{n}\right)^{n}\right)}_{=\,e}\right)$, und damit $\dfrac{d}{dx}\ln(x) = \dfrac{1}{x} \cdot \underbrace{\ln(e)}_{=\,1} = \dfrac{1}{x}$.

P. S.: Viel einfacher ist es, $y = \ln(x)$ zu betrachten: Dann ist $e^{y} = x$, und die Ableitung beider Seiten nach x ergibt mit der Kettenregel: $e^{y} \cdot \dfrac{d}{dx}y = \underbrace{e^{\ln(x)}}_{=\,x} \cdot \dfrac{d}{dx}\ln(x) = 1$, also ist $\dfrac{d}{dx}\ln(x) = \dfrac{1}{x}$; 😂

Mittlere Anzahl Teiler

Die Zahl 1 hat genau einen Teiler, Primzahlen haben genau zwei Teiler, Quadrate von Primzahlen haben genau drei Teiler, Produkte von zwei Primzahlen haben, wie die dritten Potenzen von Primzahlen, genau 4 Teiler. Hier folgt eine Liste der ersten paar natürlichen Zahlen z und der Anzahl ihrer Teiler a :

$$\begin{pmatrix} z: & 1 & 2 & 3 & 4 & 5 & 6 & 7 & 8 & 9 & 10 & 11 & 12 & 13 & 14 & 15 & 16 & 17 & 18 & 19 & 20 \\ a: & 1 & 2 & 2 & 3 & 2 & 4 & 2 & 4 & 3 & 4 & 2 & 6 & 2 & 4 & 4 & 5 & 2 & 6 & 2 & 6 \end{pmatrix}.$$

Interessant ist jetzt die mittlere Anzahl Teiler $A(n)$ der ersten n natürlichen Zahlen. Die mittlere Anzahl Teiler der ersten beispielsweise $n = 6$ natürlichen Zahlen ist

$$A(6) = \frac{1+2+2+3+2+4}{6} = \frac{14}{6} = 2.333... \ .$$

Wie sieht dies für Zahlen $z \gg 10$ aus? In der folgenden Liste ist $A\left(10^k\right)$ (gerundet) für einige Werte von $k \in \mathbb{N}$ wiedergegeben:

$$\begin{pmatrix} k: & 1. & 2. & 3. & 4. & 5. & 6. & 7. \\ A: & 2.7 & 4.82 & 7.069 & 9.367 & 11.6675 & 13.970 & 16.273 \end{pmatrix}.$$

Die mittlere Anzahl Teiler der ersten Million natürlicher Zahlen ist also etwa gleich 13.970.

In der folgenden Tabelle ist der natürliche Logarithmus dieser Zehnerpotenzen wiedergegeben:

$$\begin{pmatrix} k: & 1. & 2. & 3. & 4. & 5. & 6. & 7. \\ k \cdot ln(10): & 2.302 & 4.605 & 6.908 & 9.210 & 11.513 & 13.816 & 16.118 \end{pmatrix}.$$

Es fällt auf, dass erstaunlicherweise für $z \gg 10$ angenähert $A(z) \approx \ln(z)$ gilt. Die mittlere Anzahl Teiler aller natürlichen Zahlen bis und mit einer Zahl z ist also angenähert gleich dem natürlichen Logarithmus dieser Zahl z .

Warum ist dies so? Dazu kann die folgende Plausibilitätserklärung herangezogen werden: Zeichnen

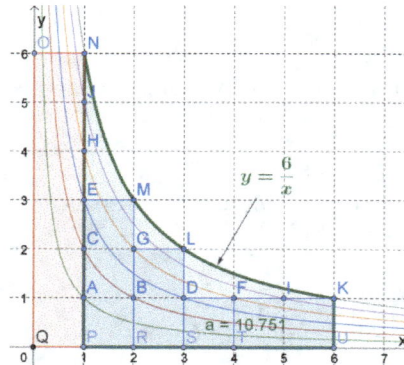

wir beispielsweise die Punktepaare $(1,6),(2,3),(3,2),(6,1)$ für die Zahl $z = 6$ und alle entsprechenden Punktpaare für $z < 6$ in einem $x-y-$Diagramm ein und füllen das links unten jeweils unter jedem dieser Punkte liegende Quadrat mit einer Farbe aus, ergibt sich das links wiedergegebene Diagramm. Das rot eingezeichnete Rechteck der Breite 1, das an der y–Achse anliegt, kann benützt werden, um die dreiecksartigen, noch offenen Flächen unter der Kurve mit der Gleichung $y = \dfrac{6}{x}$ auszufüllen. Die Fläche

unter dieser Kurve, mit $1 \le x \le 6$, ist damit annähernd gleich der mittleren Anzahl Teiler aller Zahlen von 1 bis 6, und diese Fläche ist gleich $\displaystyle\int_1^6 \frac{1}{x}\,dx$, was gleich $\ln(6)$ ist. Für $z \gg 10$ wird der Fehler immer kleiner und damit die Approximation $A(z) \approx \ln(z)$ immer besser. So ist z. B. bei $z = 10^6$ die Näherung nur gerade etwa um 1.1%, und bei $z = 10^7$ nur noch um etwa 0.95% zu klein.

Arithmetische Mittelwertfolge

Gegeben sei die "arithmetische Mittelwertfolge" mit $a(1) = a$, $a(2) = b$, $a(n) = \dfrac{a(n-1) + a(n-2)}{2}$ für $n > 2$. Ohne Einschränkung der Allgemeinheit dürfen wir annehmen, dass $a \neq b$ ist. Für $a = b$ ergibt sich die uninteressante konstante Folge $\{a, a, a, ...\}$.

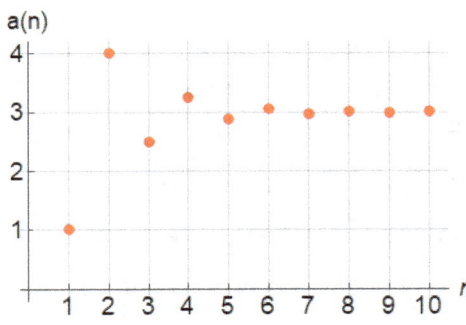

Zunächst ist schon einmal klar, dass $a(n)$ für alle $n > 2$ zwischen a und b liegt.

In der nebenstehenden Figur sind die ersten paar Folgeglieder dieser Folge mit $a(1) = 1$ und $a(2) = 4$ graphisch wiedergegeben. Es scheint, dass diese Folge gegen $A = 3$ konvergiert.

Das ist in der Tat der Fall. Dies ist leicht einzusehen, wenn zunächst einmal erkannt wird, dass diese Folge **skaleninvariant** ist: Statt $a(1) = 1$ und $a(2) = 4$ hätten wir auch $a(1) = 0$ und $a(2) = 1$ wählen können. Dies hätte zu folgender Folge geführt:

$$\left\{ 0, 1, \frac{1}{2}, \frac{3}{4}, \frac{5}{8}, \frac{11}{16}, \frac{21}{32}, \frac{43}{64}, \frac{85}{128}, \frac{171}{256}, \frac{341}{512}, ... \right\} \text{ (Gl. 1).}$$

Die obige Folge kann explizit angegeben werden: $a(n) = \dfrac{2 \cdot \left(1 - \left(-\dfrac{1}{2} \right)^{n-1} \right)}{3}$, für $n \in \mathbb{N}$. Ihr Grenzwert ist damit sofort ersichtlich: $\displaystyle\lim_{n \to \infty} a(n) = \frac{2}{3}$.

Für beliebige reelle Anfangswerte a, b ergibt sich der Grenzwert A entsprechend wie folgt:

$$\boxed{A = \lim_{n \to \infty} a(n) = a + \frac{2}{3} \cdot (b - a) = \frac{a + 2b}{3}}$$

Beispiel: Für $a = 5$ und $b = 14$ wird der Grenzwert A der arithmetischen Mittelwertfolge gleich 11.

Dieser Grenzwert hätte auch mit Erzeugenden Funktionen, mit Differentialgleichungen, mit Matrizenrechnung, z. B. mit $\begin{pmatrix} a(n) \\ a(n+1) \end{pmatrix} = M^n \cdot \begin{pmatrix} 0 \\ 1 \end{pmatrix} = \begin{pmatrix} 0 & 1 \\ \dfrac{1}{2} & \dfrac{1}{2} \end{pmatrix}^n \cdot \begin{pmatrix} 0 \\ 1 \end{pmatrix}$, oder mit einer expliziten Definition für die Fibonacci–verwandten Zähler $z(n)$ in den Folgegliedern gemäss Gl. 1 gefunden werden können: $z(n) = \dfrac{2}{3} \cdot \left(1 - (-1/2)^n \right) \cdot 2^{n-1}$.

Es ergibt sich damit auch eine leider doch eher impraktikable Methode, wie mit unendlich vielen iterierten Halbierungen ein Drittel einer gegebenen Strecke gefunden werden könnte...!

Harmonische und geometrische Mittelwertfolge

Harmonische Mittelwertfolge:

Gegeben sei die "harmonische Mittelwertfolge" mit $a(1) = a$, $a(2) = b$, mit $a(1) > 0$, $a(2) > 0$,

und $a(n) = \dfrac{2 \cdot a(n-1) \cdot a(n-2)}{a(n-1) + a(n-2)}$ für $n > 2$. In der folgenden Tabelle sind die ersten paar Glieder

dieser Folgeglieder explizit angegeben:

$$\begin{pmatrix} n: & 1 & 2 & 3 & 4 & 5 & 6 & 7 & 8 \\ a(n): & a & b & \dfrac{2ab}{a+b} & \dfrac{4ab}{3a+b} & \dfrac{8ab}{5a+3b} & \dfrac{16ab}{11a+5b} & \dfrac{32ab}{21a+11b} & \dfrac{64ab}{43a+21b} \end{pmatrix}$$

Die Koeffizienten im Zähler sind die Zweierpotenzen 2^{n-2}; die Koeffizienten von a im Nenner sind

die Zahlen $\{1, 3, 5, 11, 21, 43, ...\}$; das sind auch die Koeffizienten von b im Nenner, jeweils um 1 ver-

schoben. Dies sind die Jacobsthal – Zahlen: a(n) = a(n-1) + 2*a(n-2), mit a(0) = 0, a(1) = 1; a(n) ist auch

gleich der Zahl $\dfrac{1}{3} \cdot 2^n$, gerundet auf ganze Zahlen (= (...)$_{ger.}$) (s. A001045 der OEIS). Damit kann das n –

te Folgeglied sowie dessen Grenzwert H für $n \to \infty$ wie folgt angegeben werden:

$$\boxed{a(n) = \dfrac{2^{n-2} \cdot a \cdot b}{\left(2^{n-1}/3\right)_{ger.} \cdot a + \left(2^{n-2}/3\right)_{ger.} \cdot b}, \text{ mit } H = \lim_{n \to \infty} a(n) = \dfrac{3ab}{2a+b}.}$$

Beispiel: Für $a = 3$ und $b = 12$ wird der Grenzwert H der harmonischen Mittelwertfolge gleich 6.

Geometrische Mittelwertfolge:

Gegeben sei die "geometrische Mittelwertfolge" mit $a(1) = a$, $a(2) = b$, $a(1) > 0$, $a(2) > 0$, und

$a(n) = \sqrt{a(n-1) \cdot a(n-2)}$ für $n > 2$.

Ihr Grenzwert G ergibt sich aus $G = \sqrt{\dfrac{ab^2}{\sqrt{\dfrac{ab^2}{\sqrt{\dfrac{ab^2}{\sqrt{...}}}}}}}$. Also ist $G = \sqrt{\dfrac{ab^2}{G}}$, woraus sofort folgt:

$$\boxed{G = \lim_{n \to \infty} a(n) = a \cdot \left(\dfrac{b}{a}\right)^{2/3} = a^{1/3} \cdot b^{2/3}.}$$

Beispiel: Für $a = 8$ und $b = 27$ wird der Grenzwert G der geometrischen Mittelwertfolge gleich 18.

P. S.:

Es wäre ein Trugschluss anzunehmen, dass $G^2 = A \cdot H$ sein müsste, wie dies für gewöhnliche geometrische, arithmetische und harmonische Mittel zweier positiver Zahlen der Fall wäre: Die Grenzwerte G, A und H der jeweiligen Mittelwertfolgen sind eben keine 'gewöhnliche' Mittelwerte!

Die Fresnel–Integrale

Gesucht sind die Fresnel – Integrale $A = \int_0^\infty \sin\left(x^2\right) dx$ und $B = \int_0^\infty \cos\left(x^2\right) dx$,

die auf **Augustin Jean Fresnel** (* 10. Mai 1788 in Broglie; † 14. Juli 1827 in Ville-d'Avray bei Paris), einen französischen Physiker und Ingenieur, zurückgehen.

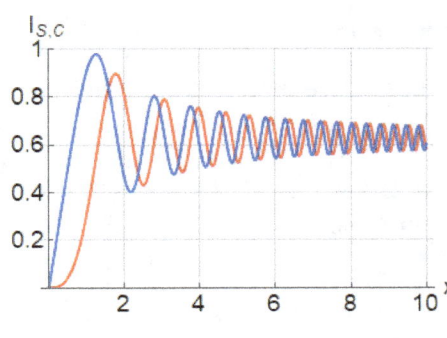

In der Figur links sind die Graphen der Integrale $I_S(x) = \int_0^x \sin\left(x^2\right) dx$ und

$I_C(x) = \int_0^x \cos\left(x^2\right) dx$ wiedergegeben. Die Funktion $I_S(x)$ (in Rot) startet mit der Steigung 0 aus dem Ursprung.

Es ist bekannt, dass beide diese Integrale gegen

$A = B = \sqrt{\dfrac{\pi}{8}} \approx 0.626657$ konvergieren. Wie aber kann dieser Wert berechnet werden?

"Mathematica" ist wenig hilfreich: Für $I_S(x)$ wird das Resultat $\sqrt{\dfrac{\pi}{2}} FresnelS\left[\sqrt{\dfrac{2}{\pi}} x\right]$ angegeben,

und für $I_C(x)$ das Resultat $\sqrt{\dfrac{\pi}{2}} FresnelC\left[\sqrt{\dfrac{2}{\pi}} x\right]$. So haben diese Ungeheuer wenigstens schon

einmal einen Namen, wodurch sie eher als zähmbar erscheinen! Und offensichtlich lassen sich diese Integralfunktionen numerisch mit schnell konvergierenden Reihen leicht berechnen.

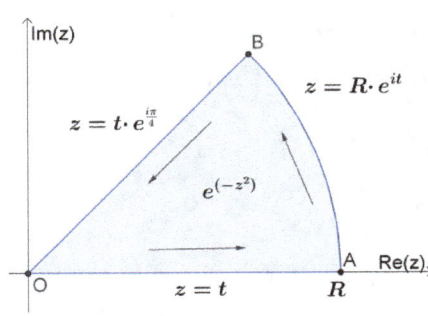

Als übliches Vorgehen für die exakte Berechnung dieser Integrale wird ein Linienintegral von e^{-z^2} über einen Achtelkreis in der komplexen Ebene verwendet. Dieses Linienintegral ist gleich Null.

Das Integral $\int_0^\infty e^{-t^2} dt$ von O nach A ist gleich dem halben

Gauss–Integral, also gleich $\dfrac{\sqrt{\pi}}{2}$. Das Integral über den Viertel-

kreis von A nach B ist gleich $\int_0^{\pi/4} e^{-R^2 \cdot (\cos(t) + i\sin(t))^2} \cdot R \cdot e^{it} dt$,

und dieses geht mit $R \to \infty$ gegen Null. Das Integral $\int_0^\infty e^{-\left(t \cdot \frac{\sqrt{2}}{2} \cdot (1+i)\right)^2} \cdot e^{i \cdot \frac{\pi}{4}} dt$ von B nach O ergibt,

nach ein paar Winkelzügen, ebenfalls $\dfrac{\sqrt{\pi}}{2}$. Mit dem Vergleich von Real– und Imaginärteilen ergibt

sich das System $\left| \begin{array}{l} A + B = \sqrt{\dfrac{\pi}{2}} \\ A - B = 0 \end{array} \right.$, und folglich sind die Grenzwerte $A = B = \sqrt{\dfrac{\pi}{8}}$.

Gibt es beliebig grosse Primzahllücken?

Kann es bei den natürlichen Zahlen vorkommen, dass innerhalb von mindestens 10 aufeinanderfolgenden natürlichen Zahlen **keine** Primzahl vorkommt? Das ist möglich, und zum ersten Mal ist dies der Fall für alle Zahlen $n \in \mathbb{N}$ mit $114 \leq n \leq 126$. In diesem Bereich liegen sogar 13 Nichtprimzahlen.

Eine Lücke von mindestens 100 Nichtprimzahlen gibt es zum ersten Mal für alle Zahlen $n \in \mathbb{N}$ mit $370'262 \leq n \leq 370'372$. In diesem Bereich liegen sogar 111 Nichtprimzahlen.

Grössere Primzahllücken machen sich aber rar und immer rarer. Ist es gar denkbar, dass es keine Lücken mehr geben könnte, wenn die Lücke z. B. eine Million sein sollte?

Das ist nicht der Fall, und solche Lücken existieren für jede beliebige Grösse der vorgegebenen Lücke. Eine solche Lücke kann wie folgt konstruiert werden: Wir betrachten Zahlen $n!+2, n!+3, n!+4,...,n!+n$. Weil $n! = 1 \cdot 2 \cdot 3 \cdot 4 \cdot ... \cdot n$ ist, ist $n!+2$ durch 2 teilbar; $n!+3$ ist durch 3 teilbar; allgemein ist $n!+k$ durch k teilbar, für alle k mit $2 \leq k \leq n$. Das sind $n-2+1$ aufeinander folgende natürliche Zahlen, die sicher **keine** Primzahlen sind.

Ist also z. B. eine Lücke von einer Million gesucht, dann wählen wir $n = 10^6 +1$. Alle $n \in \mathbb{N}$ mit $(10^6+1)! + 2 \leq n \leq (10^6+1)! + (10^6+1)$ sind nun auf einander folgende Nichtprimzahlen; dies sind gerade eine Million Zahlen. Die Zahlen $(10^6+1)! + 2$ und $(10^6+1)! + (10^6+1)$ sind riesig: Beide sind ungefähr gleich $8.26394 \cdot 10^{5'565'714}$. Ziemlich sicher gibt es bereits viel kleinere Primzahlpaare, zwischen denen eine Million auf einander folgende Nichtprimzahlen stehen!

P. S. 1:

"Zwischen zwei auf einander folgenden Quadratzahlen liegt immer mindestens eine Primzahl." In der unten stehenden Tabelle sind die Anzahl Primzahlen a zwischen n^2 und $(n+1)^2$ wiedergegeben:

$$\begin{pmatrix} n: & 1 & 2 & 3 & 4 & 5 & 6 & 7 & 8 & 9 & 10 & 11 & 12 & 13 & 14 & 15 & 16 \\ a(n^2..(n+1)^2): & 2 & 2 & 2 & 3 & 2 & 4 & 3 & 4 & 3 & 5 & 4 & 5 & 5 & 4 & 6 & 7 \end{pmatrix}.$$

So liegen z. B. zwischen 49 und 64 genau 3 Primzahlen: 53, 59 und 61. Für diese ersten paar Quadratzahlen ist die obige Behauptung wahr.

P. S. 2:

"Zwischen $n>1$ und $2n$ liegt immer mindestens eine Primzahl." (Satz von Tschebyscheff (1821-1894)). In der unten stehenden Tabelle sind die Anzahl Primzahlen a zwischen $n+1$ und $2n-1$ wiedergegeben:

$$\begin{pmatrix} n: & 2 & 3 & 4 & 5 & 6 & 7 & 8 & 9 & 10 & 11 & 12 \\ a(n+1..2n-1): & 1 & 1 & 2 & 1 & 2 & 2 & 2 & 3 & 4 & 3 & 4 \end{pmatrix}.$$

So liegen z. B. zwischen 9 und 18 genau drei Primzahlen: 11, 13 und 17. Für die ersten paar natürlichen Zahlen $n>1$ ist die obige Behauptung wahr.

Integration of Fractional Parts

Michael Penn löst in seinem Post https://youtu.be/5i8g7ZpB7Bm das folgende Integral: $\int_1^\infty \frac{\{x\}}{x^3}\, dx$,

wobei $\{x\}$ gleich dem gebrochenen Teil von x ist. Dafür gilt auch: $\{x\} = x - \text{floor}(x)$. Hier folgt eine einfachere Lösung.

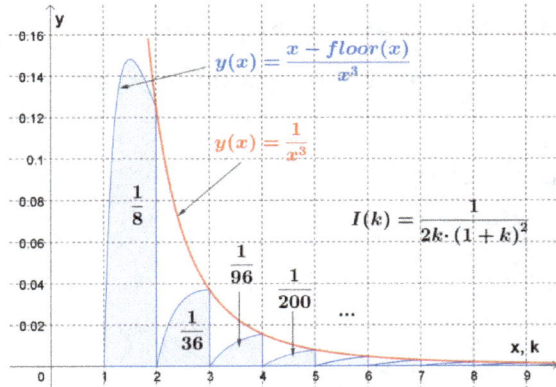

In der Figur links sind die Integrale

$$I(k) = \int_k^{k+1} \frac{x - \text{floor}(x)}{x^3}\, dx \quad \text{für die ersten paar}$$

Werte von k wiedergegeben. Diese lassen sich vereinfachen und sind gleich

$$I(k) = \int_k^{k+1} \frac{x - k}{x^3}\, dx \,.$$

Sie lassen sich sofort leicht ausrechnen:

$$I(k) = \int_k^{k+1} \frac{1}{x^2}\, dx - \int_k^{k+1} \frac{k}{x^3}\, dx$$

$$= \frac{1}{k + k^2} - \frac{1 + 2k}{2k \cdot (1+k)^2}\,, \text{ oder zusammengefasst:}$$

$$\boxed{I(k) = \frac{1}{2k \cdot (1+k)^2}}$$

Die ersten paar dieser Integrale finden sich in der folgenden Tabelle:

$$
\begin{pmatrix}
k: & 1 & 2 & 3 & 4 & 5 & 6 & 7 & 8 & 9 & 10 \\[4pt]
I(k): & \dfrac{1}{8} & \dfrac{1}{36} & \dfrac{1}{96} & \dfrac{1}{200} & \dfrac{1}{360} & \dfrac{1}{588} & \dfrac{1}{896} & \dfrac{1}{1296} & \dfrac{1}{1800} & \dfrac{1}{2420}
\end{pmatrix}
$$

Damit wird das Integral $\int_1^\infty \frac{\{x\}}{x^3}\, dx$ gleich der Summe $\sum_{k=1}^\infty \frac{1}{2k \cdot (1+k)^2}$. Dafür hat Mathematica

sofort eine Antwort: $\boxed{\int_1^\infty \frac{\{x\}}{x^3}\, dx = 1 - \frac{\pi^2}{12} \approx 0.17753}$. Wie ist dies ohne CAS zu finden?

Die Partialbruchzerlegung ergibt $\sum_{k=1}^\infty \frac{1}{2k \cdot (1+k)^2} = \sum_{k=1}^\infty \left(\frac{1}{2k} - \frac{1}{2(k+1)} - \frac{1}{2(k+1)^2} \right)$. Die bei-

den ersten Terme summieren sich teleskopartig zusammen zu $\frac{1}{2}$. Die Summe $\sum_{k=1}^\infty \frac{1}{2(k+1)^2}$ ist

gleich $\frac{1}{2} \cdot \sum_{k=1}^\infty \frac{1}{(k+1)^2}$, was gleich $\frac{1}{2} \cdot \left(\underbrace{\left(\sum_{k=1}^\infty \frac{1}{k^2} \right)}_{= \pi^2/6} - 1 \right) = \frac{1}{2} \cdot \left(\frac{\pi^2}{6} - 1 \right)$ ist, Euler sei Dank, was

sofort zum oben bereits angegebenen Resultat führt.

Faulhaber – Polynome

Sei $a := \sum_{n=1}^{n} k = \dfrac{n(n+1)}{2}$. **Johann Faulhaber** (5. Mai 1580 – 10. September 1635, deutscher Mathematiker) fand, dass $\sum_{k=1}^{n} k^u$ ein Polynom von a ist, wenn u ungerade ist. Für $k = 1$ ist dieses Polynom gerade gleich a. Für $u = 3$ ist $\sum_{k=1}^{n} k^3 = a^2$. Dieses letzte Resultat ist auch bekannt als das Theorem von Nicomachus (**Nicomachus von Gerasa** (ca. 60 – ca. 120 AD), ein antiker Mathematiker und Musiktheoretiker).

Für höhere Potenzen ergeben sich die folgenden Faulhaber– Polynome:

$$\sum_{k=1}^{n} k^5 = \frac{4a^3 - a^2}{3}$$

$$\sum_{k=1}^{n} k^7 = \frac{6a^4 - 4a^3 + a^2}{3}$$

$$\sum_{k=1}^{n} k^9 = \frac{16a^5 - 20a^4 + 12a^3 - 3a^2}{5}$$

$$\sum_{k=1}^{n} k^{11} = \frac{16a^6 - 32a^5 + 34a^4 - 20a^3 + 5a^2}{3}$$

$$\sum_{k=1}^{n} k^{11} = \frac{16a^6 - 32a^5 + 34a^4 - 20a^3 + 5a^2}{3}$$

Faulhaber kannte auch die folgende Tatsache:

Wenn die Summe $\sum_{k=1}^{n} k^{2m+1} = c_1 a^2 + c_2 a^3 + \ldots + c_m a^{m+1}$ ist, dann wird die Summe der geraden Potenzen

$$\sum_{k=1}^{n} k^{2m} = \frac{n + \dfrac{1}{2}}{2m+1} \cdot \left(2c_1 a + 3c_2 a^2 + \ldots + (m+1)c_m a^m \right).$$

Der Ausdruck in der Klammer ist dabei gerade gleich der Ableitung von $c_1 a^2 + c_2 a^3 + \ldots + c_m a^{m+1}$ nach a.

Für ungerade Exponenten hat dieses Polynom die Faktoren n^2 und $(n+1)^2$, und für gerade Exponenten die Faktoren n, $n + \dfrac{1}{2}$ und $n+1$.

Die Kaprekar – Konstante

Die folgenden fünf Schritte beschreiben die Kaprekar–Routine:

1. Wähle eine beliebige vierstellige Zahl z , bei der nicht alle Ziffern gleich sind.
2. Sortiere die Ziffern von z absteigend, was allenfalls zu einer grösseren Zahl g führt.
3. Sortiere die Ziffern von z aufsteigend, was allenfalls zu einer kleineren Zahl k führt.
4. Bilde die Differenz $g - k$ und nenne diese Zahl wieder z .
5. Wiederhole die Schritte 2. – 4., bis sich die Zahl $z = 6174$ ergibt.

Die Zahl $z = 6174$ heisst Kaprekar – Konstante, nach dem indischen Mathematiker **Dattatreya Ramchandra Kaprekar** (17. Januar 1905 – 1986). Es zeigt sich, dass die Kaprekar – Routine mit jeder zulässigen Anfangszahl nach spätestens sieben Schritten bei der Kaprekar – Konstante endet!

In den folgenden Graphiken sind einige dieser Abfolgen mit verschiedenen Anfangszahlen z wiedergegeben:

```
                                    3141
                                    4311 - 1134 = 3177
        2718                        7731 - 1377 = 6354
        8721 - 1278 = 7443         6543 - 3456 = 3087
        7443 - 3447 = 3996         8730 -  378 = 8352
        9963 - 3699 = 6264         8532 - 2358 = 6174
        6642 - 2466 = 4176
        7641 - 6413
                6431 - 1346 = 5085         9911
                8550 -  558 = 7992         9911 - 1199 = 8712
                9972 - 2799 = 7173         8721 - 1278 = 7443
                7731 - 1377 = 6354         7443 - 3447 = 3996
                6543 - 3456 = 3087         9963 - 3699 = 6264
                8730 -  378 = 8352         6642 - 2466 = 4176
                8532 - 2358 = 6174         7641 - 1467 = 6174

        1                           2466
        1000 -    1 = 999           6642 - 2466 = 4176
        9990 -  999 = 8991          7641 - 1467 = 6174
        9981 - 1899 = 8082
        8820 -  288 = 8532          1746
        8532 - 2358 = 6174          7641 - 1467 = 6174
```

Wie stösst man denn überhaupt auf einen so erstaunlichen mathematischen Zusammenhang?! 😀!

Funktionale Gleichungen

In einer funktionalen Gleichung soll der Funktionswert eines Terms in x einen bestimmten zweiten Term in x ergeben.

Wer zum ersten Mal eine solche Gleichung sieht, ist vermutlich zunächst einmal hoffnungslos überfordert. Dabei ist der Algorithmus zur Lösung eines solchen Problems denkbar einfach. Dies wird hier an zwei Beispielen demonstriert.

1. Beispiel: Sei $f\left(\dfrac{e^x+1}{e^x-1}\right)=x$. Gesucht ist eine Funktionsgleichung $f(x)=\ldots$.

Dazu wird eine Substitution $t:=\dfrac{e^x+1}{e^x-1}$ gewählt. Diese Gleichung wird nun nach x aufgelöst:

$$t\cdot\left(e^x-1\right)=e^x+1 \Leftrightarrow e^x=\frac{t+1}{t-1} \Leftrightarrow x=\ln\left(\frac{t+1}{t-1}\right)$$

Folglich ist $f(t)=\ln\left(\dfrac{t+1}{t-1}\right)$, respektive $\boxed{f(x)=\ln\left(\dfrac{x+1}{x-1}\right)}$.

Probe:

$$f\left(\frac{e^x+1}{e^x-1}\right)=\ln\left(\frac{\dfrac{e^x+1}{e^x-1}+1}{\dfrac{e^x+1}{e^x-1}-1}\right)=\ln\left(\frac{2e^x(e^x-1)}{(e^x-1)\cdot 2}\right)=\ln(e^x)=x\ \checkmark$$

2. Beispiel: Sei $f\left(\dfrac{3x-1}{x-4}\right)=x^2$. Gesucht ist wiederum eine Funktionsgleichung $f(x)=\ldots$.

Substitution $t:=\dfrac{3x-1}{x-4}$. Diese Gleichung wird nach x aufgelöst: $x=\dfrac{4t-1}{t-3}$.

Folglich wird $f(t)=\left(\dfrac{4t-1}{t-3}\right)^2$, respektive $\boxed{f(x)=\left(\dfrac{4x-1}{x-3}\right)^2}$.

Probe:

$$f\left(\frac{3x-1}{x-4}\right)=\frac{\left(\dfrac{4(3x-1)}{x-4}-1\right)^2}{\left(\dfrac{3x-1}{x-4}-3\right)^2}=\left(\frac{4(3x-1)-(x-4)}{3x-1-3(x-4)}\right)^2=\left(\frac{11x}{11}\right)^2=x^2\ \checkmark$$

Erweiterung der Definitionsbereiche von H(n) und n!

Die **Harmonischen Zahlen** sind gegeben durch $H(n) = \sum_{k=1}^{n} \frac{1}{k} : \begin{pmatrix} n: & 1 & 2 & 3 & 4 & 5 \\ H(n): & 1 & \frac{3}{2} & \frac{11}{6} & \frac{25}{12} & \frac{137}{60} \end{pmatrix}$.

Diese Definition ist nur gültig für natürliche Zahlen n. Durch eine neue Definition

$H(x) := \sum_{k=1}^{\infty} \left(\frac{1}{k} - \frac{1}{x+k} \right)$ kann der Definitionsbereich der Harmonischen Zahlen auf beliebige

reelle Zahlen ausgedehnt werden. In der Tat gilt bei dieser neuen Definition die Rekursion

$$H(x) = H(x-1) + \frac{1}{x}, \text{ und } H(x=1) = 1.$$

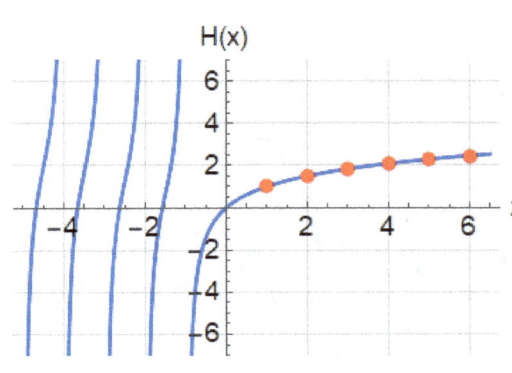

In der nebenstehenden Figur ist der Graph der Funktion $H(x)$, zusammen mit den ersten paar Harmonischen Zahlen $H(n)$, wiedergegeben.

Die **Fakultätsfunktion** $n!$ ist gegeben durch

$$n! := \prod_{k=1}^{n} k : \begin{pmatrix} n: & 1 & 2 & 3 & 4 & 5 \\ n!: & 1 & 2 & 6 & 24 & 120 \end{pmatrix}.$$ Auch diese

Funktion ist zunächst nur für natürliche Zahlen n gegeben. Sie kann aber neu auch für beliebige reelle x definiert werden durch $x! := \lim_{N \to \infty} N^x \cdot \prod_{k=1}^{N} \frac{k}{x+k}$. Dann gilt die Rekursion $x! = x \cdot (x-1)!$, und für $x=1$ wird $1! = 1$.

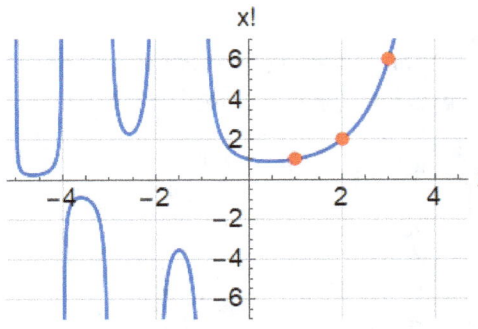

In der nebenstehenden Figur ist der Graph der Funktion $x!$, zusammen mit drei Werten von $n!$, wiedergegeben.

Die Funktion $H(x)$ hat einen interessanten Zusammenhang mit der Fakultätsfunktion. Für $H(x)$ gilt gemäss

Euler, dass $H(x) = \dfrac{\frac{d}{dx}(x!)}{x!} + \gamma$ ist, wobei

$\gamma = 0.5772156649...$ gleich der Euler'schen Konstanten ist. $H(x)$ ist also gleich der Summe aus der logarithmischen Ableitung von $x!$ nach x und der Euler'schen Konstanten γ.

Die Funktion $x!$ wird normalerweise über die Gamma–Funktion $\Gamma(x) := (x-1)!$ angegeben. Für die

Gamma–Funktion gilt darum die mögliche Definition $\Gamma(x) := \lim_{N \to \infty} N^{x-1} \cdot \prod_{k=1}^{N} \frac{k}{x-1+k}$.

Eine Bildergeschichte zur Gamma-Funktion

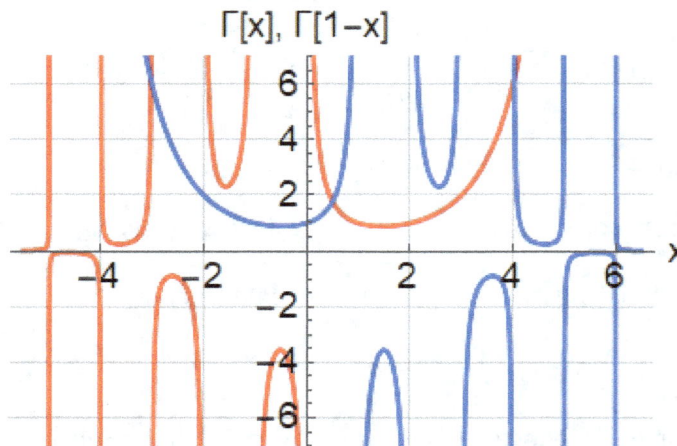

In der nebenstehenden Figur sind die Graphen von Gamma[x] und von Gamma[1−x] wiedergegeben.

Der eine Graph ist das Spiegelbild des anderen bei einer Spiegelung an der Achse $x = \dfrac{1}{2}$.

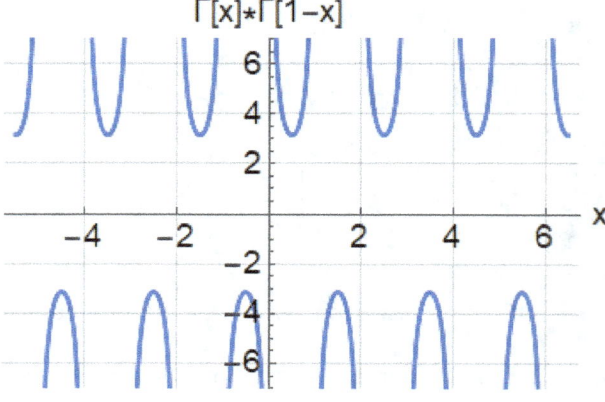

In der rechts stehenden Figur ist der Graph des Produkts von Gamma[x] und Gamma[1−x] wiedergegeben.

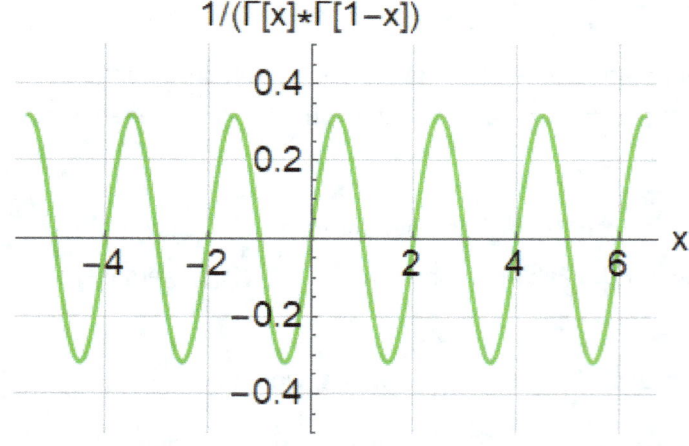

Im links stehenden Figur ist der Graph des Kehrwerts des Produkts dieser beiden Funktionen wiedergegeben. Weil $\dfrac{1}{\pi} = 0.3183\ldots$ ist, scheint

$$\frac{1}{\Gamma(x) \cdot \Gamma(1-x)} = \frac{\sin(\pi \cdot x)}{\pi}$$

zu sein.

Dies ist tatsächlich der Fall, was allenfalls über die Definition $\Gamma(x) := \lim\limits_{N \to \infty} N^{x-1} \cdot \prod\limits_{k=1}^{N} \dfrac{k}{x-1+k}$ und

mit Hilfe der bekannten Summe $\sin(x) = x \cdot \prod\limits_{k=1}^{\infty}\left(1 - \dfrac{x^2}{\pi^2 k^2}\right)$, die Euler schon zur Lösung des Basler Problems benützt hat, bewiesen werden könnte, was hier unten weiter ausgeführt wird.

Gamma- und Sinus-Funktion

Vor.: Def. $\Gamma(x) := \lim\limits_{N \to \infty} N^{x-1} \cdot \prod_{k=1}^{N} \dfrac{k}{x-1+k}$, und $\dfrac{\sin(\pi x)}{\pi} \underset{Euler!}{=} x \cdot \prod_{k=1}^{\infty} \left(1 - \dfrac{x^2}{k^2}\right)$.

$$\textbf{Beh.:} \quad \frac{1}{\Gamma(x) \cdot \Gamma(1-x)} = \frac{\sin(\pi \cdot x)}{\pi} \, .$$

Bew.: $T(x) := \dfrac{1}{\Gamma(x) \cdot \Gamma(1-x)} = \dfrac{x}{x \cdot \Gamma(x) \cdot \Gamma(1-x)} = \dfrac{x}{\Gamma(1+x) \cdot \Gamma(1-x)}$: Hier wurde der Nenner mit

Hilfe der Rekursion $x \cdot \Gamma(x) = \Gamma(x+1)$ symmetrisiert. Nun wird die Def. von $\Gamma(x)$ verwendet:

$$T(x) = \frac{x}{\left(\lim\limits_{N \to \infty} N^{1+x-1} \cdot \prod\limits_{k=1}^{N} \dfrac{k}{k+1+x-1}\right) \cdot \left(\lim\limits_{N \to \infty} N^{1-x-1} \cdot \prod\limits_{k=1}^{N} \dfrac{k}{k+1-x-1}\right)} \, .$$

Das vereinfacht sich zu $T(x) = \dfrac{x}{\left(\lim\limits_{N \to \infty} N^{1+x-1} \cdot \prod\limits_{k=1}^{N} \dfrac{k}{k+x}\right) \cdot \left(\lim\limits_{N \to \infty} N^{1-x-1} \cdot \prod\limits_{k=1}^{N} \dfrac{k}{k-x}\right)} \, .$

Weil beide Grenzwerte existieren, ist das Produkt dieser Grenzwerte gleich dem Grenzwert des Pro-

dukts: $T(x) = \dfrac{x}{\lim\limits_{N \to \infty} \left(N^{x} \cdot \prod\limits_{k=1}^{N} \dfrac{k}{k+x}\right) \cdot \left(N^{-x} \cdot \prod\limits_{k=1}^{N} \dfrac{k}{k-x}\right)}$. Mit $N^{x} \cdot N^{-x} = 1$ wird dies gleich

$T(x) = \dfrac{x}{\lim\limits_{N \to \infty} \left(\prod\limits_{k=1}^{N} \dfrac{k}{k+x}\right) \cdot \left(\prod\limits_{k=1}^{N} \dfrac{k}{k-x}\right)}$. Das vereinfacht sich sofort locker weiter zu

$T(x) = \dfrac{x}{\prod\limits_{k=1}^{\infty} \dfrac{k^2}{(k+x)(k-x)}} = x \cdot \prod\limits_{k=1}^{\infty} \dfrac{(k-x)(k+x)}{k^2} = x \cdot \prod\limits_{k=1}^{\infty} \left(1 - \dfrac{x}{k}\right) \cdot \left(1 + \dfrac{x}{k}\right)$, und weiter zu

$T(x) = x \cdot \prod\limits_{k=1}^{\infty} \left(1 - \dfrac{x^2}{k^2}\right)$, was nach Vor. gleich

$\dfrac{\sin(\pi \cdot x)}{\pi}$ ist. Damit gilt:

$$\underbrace{\frac{1}{\Gamma(x) \cdot \Gamma(1-x)}}_{=T(x)} = \frac{\sin(\pi \cdot x)}{\pi}$$

QED!

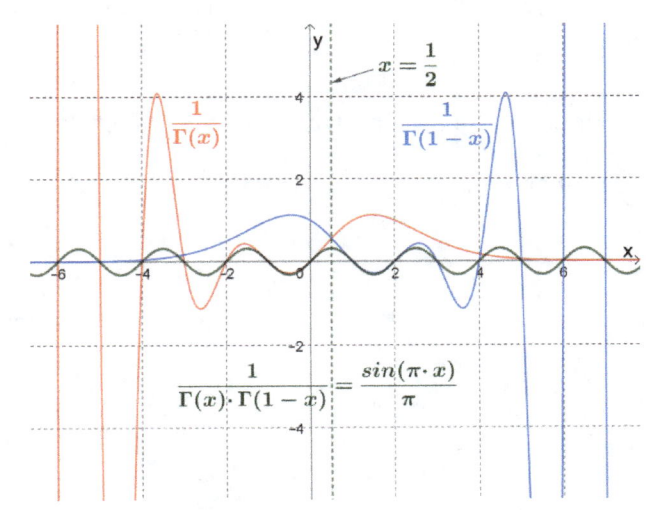

$$\frac{1}{\Gamma(x) \cdot \Gamma(1-x)} = \frac{sin(\pi \cdot x)}{\pi}$$

Ein unglaubliches Integral

Gesucht ist das bestimmt Integral $I = \int_0^\infty \frac{x}{1+e^x}\, dx$.

Der TI–89 schafft wenigstens ein numerisches Resultat $I = 0.822467$.

Das unbestimmte Integral $F(x) = \int \frac{x}{1+e^x}\, dx$ kann mit keiner Substitution gefunden werden, und

Mathematica ergibt dafür $F(x) = -x \log\left[1 + e^{-x}\right] + PolyLog\left[2, -e^{-x}\right] + C$, wobei der Polyloga-

rithmus die Sache auch nicht speziell vereinfacht.

Das bestimmte Integral ist *Mathematica* hingegen bekannt: $I = \frac{\pi^2}{12} \approx 0.822467$. Wie kommt dieses

Integral zu einem Term mit der Kreiszahl π, und wie kann es überhaupt berechnet werden?

Da hilft Michael Penn mit seinem Blog und einer abenteuerlichen mathematischen Reise:

Zuerst wird der Integrand mit dem Term $(e^x - 1) \cdot e^{-2x}$ erweitert. Damit wird

$I = \int_0^\infty \frac{x \cdot (e^{-x} - e^{-2x})}{1 - e^{-2x}}\, dx$. Hier versteckt sich die geometrische Reihe $\frac{1}{1 - e^{-2x}} = \sum_{n=0}^\infty \left(e^{-2x}\right)^n$. Da-

mit wird $I = \int_0^\infty x \cdot (e^{-x} - e^{-2x}) \cdot \sum_{n=0}^\infty \left(e^{-2x}\right)^n dx$. Nach Vertauschen von Summe und Integral wird

dies zu $I = \sum_{n=0}^\infty \int_0^\infty x \cdot e^{-(2n+1)x} dx - \sum_{n=0}^\infty \int_0^\infty x \cdot e^{-(2n+2)x} dx$. Jetzt wird verwendet, dass für $a > 0$

gilt: $\int_0^\infty x \cdot e^{-ax} dx = \frac{1}{a^2}$. Also wird $I = \sum_{n=0}^\infty \frac{1}{(2n+1)^2} - \sum_{n=0}^\infty \frac{1}{(2n+2)^2}$.

Der Subtrahend ist gleich der Summe der Kehrwerte aller **geraden** Quadratzahlen:

$\sum_{n=0}^\infty \frac{1}{(2n+2)^2} = \frac{1}{4} \cdot \underbrace{\sum_{n=0}^\infty \frac{1}{(n+1)^2}}_{=\pi^2/6;\ Euler!} = \frac{1}{4} \cdot \frac{\pi^2}{6}$. Der Minuend ist gleich der Summe der Kehrwerte

aller **ungeraden** Quadratzahlen und darum gleich $\frac{\pi^2}{6} - \frac{\pi^2}{24} = \frac{\pi^2}{8}$. Damit ergibt sich so tatsächlich

das oben bereits angegebene Resultat:

$$\boxed{\int_0^\infty \frac{x}{1+e^x}\, dx = \frac{\pi^2}{12}}.$$

Michael Powell's Pi Paradox

Die Arcustangens–Funktion kann als unendliche Reihe angegeben werden:

$$\arctan(x) = x - \frac{x^3}{3} + \frac{x^5}{5} - \frac{x^7}{7} + \frac{x^9}{9} - \ldots + \ldots$$

Diese Reihe wird üblicherweise Gottfried Wilhelm Leibniz zugeschrieben, mit Entdeckungsjahr 1763. Es scheint, dass diese Reihe bereits im Jahr 1671 dem Mathematiker James Gregory bekannt war, und möglicherweise sogar bereits im 15. Jahrhundert dem indischen Mathematiker Madhova .von Sangamagrama.

Für $x = 1$ ergibt sich daraus eine allerdings recht langsam konvergierende alternierende Reihe für die Berechnung von π :

$$\frac{\pi}{4} = \arctan(1) = 1 - \frac{1}{3} + \frac{1}{5} - \frac{1}{7} + \frac{1}{9} - \ldots + \ldots \; .$$

Es besteht natürlich die naive Annahme, dass diese Reihe die Zahl π umso genauer annähert, je mehr Summanden mitgenommen werden, und dass einfach ab einer gewissen Stellenzahl die Übereinstimmung nicht mehr gegeben wäre. Hier folgt aber die Überraschung, die als Powell's Paradox (Michael J. D. Powell, 29 Juli 1936 – 19 April 2015), britischer Mathematiker) bekannt ist:

In der folgenden Figur sind zuerst die ersten 50 Stellen der Summe $4 \cdot \sum_{k=0}^{10^6} \frac{(-1)^k}{2k+1}$ wiedergegeben, die rund eine Million Summanden enthält; darunter stehen die ersten 50 Stellen der Zahl π :

```
3.14159265358979323846264383279502884197169 3993751
3.14159365358879323921264313327931538413467 03837501
```

Es erstaunt als Paradox, dass bereits die 6. Nachkommastelle falsch ist, wonach aber wieder viele Stellen folgen, die korrekt übereinstimmen! Die 12. Nachkommastelle ist wieder falsch, sie wird aber gefolgt von wiederum fünf korrekten Ziffern!

Die Erklärung dieses Verhaltens liegt darin, dass mit jedem zusätzlichen positiven Summanden in der Näherungsreihe die Zahl π **überschossen**, und mit jedem zusätzlichen negativen Summanden **unterschossen** wird.

Eine bessere Approximation würde sich ergeben, wenn dieses Überschiessen und Unterschiessen jeweils auf etwa die Hälfte reduziert werden könnte, woraus sich eine bessere und schnellere Approximation ergeben würde.

Ein entsprechender Algorithmus und weitergehende Erklärungen zu diesem Phänomen sind unter https://www.youtube.com/watch?v=ypxKzWi-Bwg zu finden – Mathologer sei Dank.

Eine komplexe Frage

Gibt es Zahlen x, so dass $\sin(x)^{\sin(x)} = 2$ wird?

Es ist offensichtlich, dass eine solche Zahl nicht reell sein kann, sondern komplex sein muss. Zunächst werden mit der Substitution $t := \sin(x)$ Lösungen der Gleichung $t^t = 2$ gefunden. Die einzige Lösung dieser Gleichung ist $t = 1.559610...$, was mit irgendeinem Näherungsverfahren gefunden werden kann.

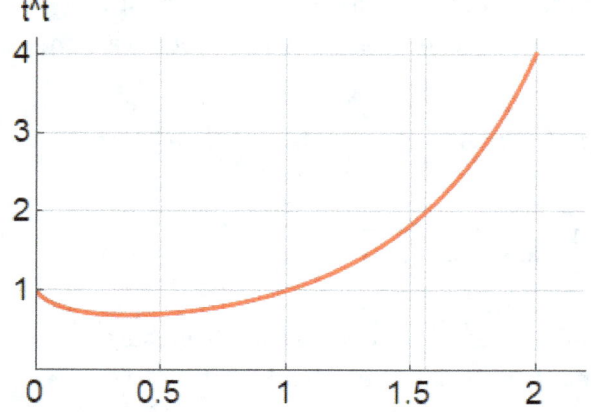

Damit sind neu Lösungen der Gleichung

$$\sin(z) = 1.559610...$$

gesucht.

Mit Verwendung der Identität

$$\sin(z) \equiv \frac{e^{iz} - e^{-iz}}{2i}$$

sollte dies möglich werden. Dazu substituieren wir $z := a + ib$, mit reellen Zahlen a und b. Die zu lösende Gleichung wird nun

$$1.559610... = \frac{e^{i(a+ib)} - e^{-i(a+ib)}}{2i} = \frac{e^{-b} \cdot e^{ia} - e^{b} \cdot e^{-ia}}{2i} = \frac{e^{-b} \cdot (\cos(a) + i\sin(a)) - e^{b} \cdot (\cos(a) - i\sin(a))}{2i}$$

Der Realteil der rechten Seite ist gleich $\dfrac{e^{-b}\sin(a) + e^{b}\sin(a)}{2} = \sin(a) \cdot \cosh(b) := 1.559610...$, und

ihr Imaginärteil ist $\dfrac{-e^{-b}\cos(a) + e^{b}\cos(a)}{2} = \cos(a) \cdot \sinh(b) := 0$.

Die Lösung dieses Systems ist $a = \dfrac{\pi}{2} + k \cdot 2\pi,\ b \approx \pm\underbrace{1.01394}_{=\operatorname{arccosh}(t)}$, die allenfalls noch in andere, kompa-

tible Formen umgewandelt werden kann.

Somit gilt:

Für $z = \dfrac{\pi}{2} + k \cdot 2\pi \pm 1.013937550\,i$ wird $\sin(z)^{\sin(z)} = 2$.

Die Menschheit hat wohl sicher nicht gerade dringend auf dieses Resultat gewartet – aber nett war seine Berechnung alleweil...!

Der Satz von Steiner

Jakob Steiner (* 18. März 1796 in Utzenstorf; † 1. April 1863 in Bern) war ein Schweizer Mathematiker. Er gilt als einer der Hauptvertreter der synthetischen Geometrie.

Neben dem Satz von Steiner sind auch das Steinerbaumproblem, das Poncelet-Steiner-Theorem, das Steiner-Tripel-System, die Steinersche Römerfläche, die Steiner-Kette und über ein Dutzend weiterer mathematischer Begriffe nach ihm benannt. Auf Steiner geht auch ein Beweis zum isoperimetrischen Problem zurück.

Der Satz von Steiner erlaubt die einfache Berechnung des Trägheitsmoments J_A eines Körpers bezüglich einer Drehachse A, die nicht durch seinen Massenmittelpunkt S geht.

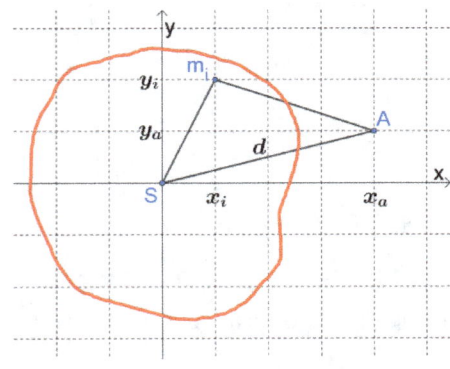

Wir betrachten dazu einen Körper, dessen Masse sich aus N Massenpunkten der Masse m_i zusammensetzt. Wir legen ein $x-y$-Koordinatensystem so, dass sein Ursprung mit dem Massenmittelpunkt S zusammenfällt. Die Massenpunkte m_i haben damit die $x-y$-Koordinaten (x_i, y_i). Die gesamte Masse M beträgt $\sum_{k=1}^{N} m_i$. Weil S der Massenmittelpunkt ist, gilt weiter: $\sum_{k=1}^{N} m_i \cdot x_i = 0$ und $\sum_{k=1}^{N} m_i \cdot y_i = 0$.

Das Trägheitsmoment J_A dieses Körpers bezüglich einer Achse A, die parallel zur $z-$Achse liegt und die Koordinaten (x_a, y_a) hat, ist gegeben durch $\sum_{k=1}^{N} \left((x_i - x_a)^2 + (y_i - y_a)^2 \right) \cdot m_i$. Ausmultipliziert ist dies gleich

$$J_A = \underbrace{\sum_{k=1}^{N} \left(x_i^2 + y_i^2 \right) \cdot m_i}_{T_1 = J_S} + \underbrace{\sum_{k=1}^{N} 2x_i \cdot x_a \cdot m_i}_{T_2 = 0} + \underbrace{\sum_{k=1}^{N} 2y_i \cdot y_a \cdot m_i}_{T_3 = 0} + \underbrace{\sum_{k=1}^{N} \left(x_a^2 + y_a^2 \right) \cdot m_i}_{T_4 = d^2 \cdot M}.$$

Der erste Term T_1 ist dabei gerade gleich dem Trägheitsmoment J_S des Körpers bezüglich seines Massenmittelpunktes S. Wegen der Wahl des Koordinatensystems verschwinden die Terme T_2 und T_3. Im vierten Term T_4 kann die Konstante $d^2 = x_a^2 + y_a^2$ ausgeklammert werden, wodurch T_4 gleich $d^2 \cdot M$ wird. Somit gilt:

$$\boxed{J_A = J_S + d^2 \cdot M}$$

Satz von Steiner: "Das Trägheitsmoment eines Körpers bezüglich einer Drehachse, die nicht durch den Massenmittelpunkt geht, ist gleich der Summe seines Trägheitsmoments bezüglich der dazu parallelen Achse durch den Massenmittelpunkt und dem Produkt aus dem Abstand dieser beiden Achsen und der Gesamtmasse des Körpers." Damit ist auch klar, dass eine Drehachse durch den Massenmittelpunkt immer zum kleinstmöglichen Trägheitsmoment führt.

Normalform und Scheitelpunktsform der Parabelgleichung

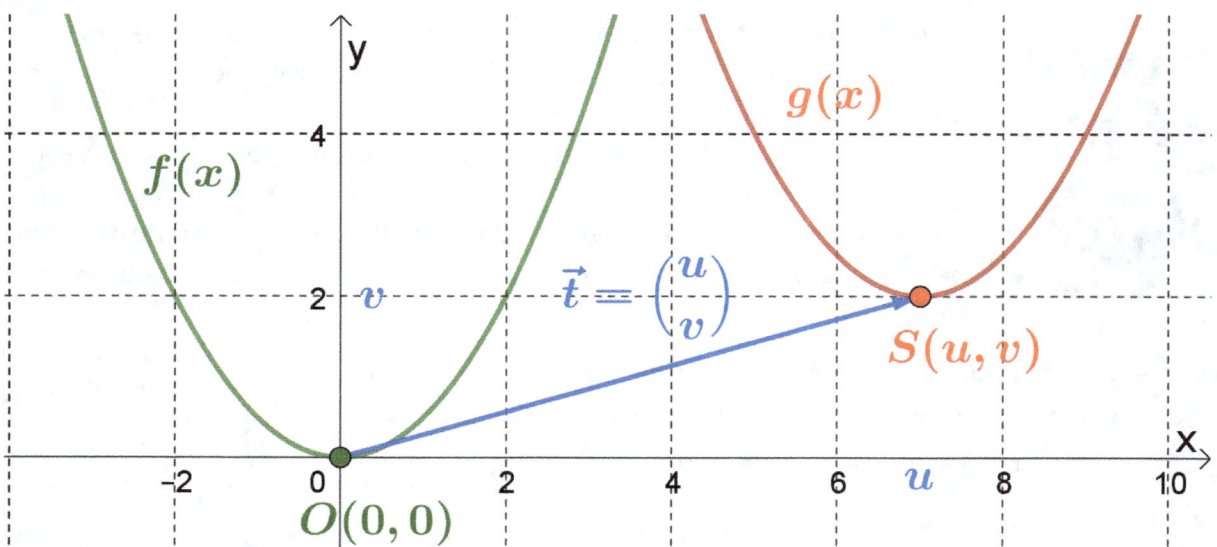

Wird der Graph einer Funktion $f(x)$ um u in der x–Richtung und um v in der y–Richtung verschoben, hat der verschobene Graph ganz allgemein die Gleichung $g(x) = f(x-u) + v$. Die Gleichung einer quadratischen Parabel mit dem Scheitelpunkt im Ursprung hat die allgemeinste Gleichung $f(x) = a \cdot x^2$. Die Gleichung der entsprechend verschobenen Parabel hat darum die Gleichung $g(x) = a \cdot (x-u)^2 + v$. Dies ist die sog. **Scheitelpunktsform** der Parabelgleichung, weil aus ihr sofort die Koordinaten (u, v) ihres Scheitelpunktes S ersichtlich sind.

Die **Normalform** der Gleichung einer allgemeinen Parabel lautet $g(x) = ax^2 + bx + c$. Aus dieser Gleichung sind die Koordinaten ihres Scheitelpunktes S aber nicht unmittelbar ersichtlich.

Wie kann aus der Normalform einer Parabelgleichung ihre Scheitelpunktsform gefunden werden? Wird in der Scheitelpunktsform ausmultipliziert, ergibt sich $g(x) = \underset{=a}{a}\,x^2 \underset{=b}{-2au}\,x + \underset{=c}{\underline{au^2 + v}}$. Der Koeffizientenvergleich mit der Normalform zeigt, dass der Koeffizient a von x^2 unverändert bleibt, dass der Koeffizient des linearen Terms $b = -2au$ ist und dass der konstante Term $c = au^2 + v$ sein muss.

Umgekehrt ergibt sich daraus, dass $u = -\dfrac{b}{2a}$ und $v = c - \dfrac{b^2}{4a}$ wird. Daraus folgt (ganz ohne Differentialrechnung!):

> Die Parabel mit der Gleichung $g(x) = ax^2 + bx + c$ hat den Scheitelpunkt $S\left(-\dfrac{b}{2a}, c - \dfrac{b^2}{4a}\right)$.

Dieser Zusammenhang kann leicht mit den oben wiedergegebenen Parabeln verifiziert werden. Zeigen Sie, dass aus $g(x) = \dfrac{1}{2}x^2 - 7x + \dfrac{53}{2}$ folgt, dass $a = \dfrac{1}{2}$, $u = 7$ und $v = 2$ wird!

Zur Normalform der kubischen Funktion

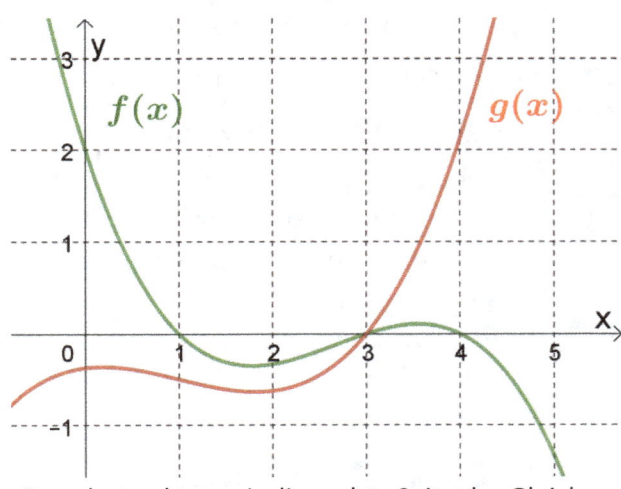

Eine kubische Funktion $f(x)$ habe die Nullstellen $x_1 = 1, x_2 = 3, x_3 = 4$ und den Ordinatenabschnitt $y_o = 2$.

Ihre Gleichung ist allgemein

$$f(x) = ax^3 + bx^2 + cx + d .$$

Wie können die Koeffizienten a, b, c, d aus den Nullstellen und dem Ordinatenabschnitt gefunden werden?

Dazu betrachten wir die rechte Seite der Gleichung einer allgemeinen kubischen Funktion

$y(x) = k \cdot (x - x_1) \cdot (x - x_2) \cdot (x - x_3)$ mit den Nullstellen x_1, x_2, x_3 und dem Ordinatenabschnitt y_o.

Das Gleichungssystem $\begin{vmatrix} f(0) = -k \cdot x_1 \cdot x_2 \cdot x_3 \\ f(x_1) = 0 \\ f(x_2) = 0 \\ f(x_3) = 0 \end{vmatrix}$ ergibt für a, b, c, d die Lösungen

$$a = -\frac{y_o}{x_1 \cdot x_2 \cdot x_3}, \quad b = \frac{(x_1 + x_2 + x_3) \cdot y_o}{x_1 \cdot x_2 \cdot x_3}, \quad c = -y_o \cdot \left(\frac{1}{x_1} + \frac{1}{x_2} + \frac{1}{x_3} \right) \text{ und } d = y_o .$$

Für das oben angeführte Beispiel wird damit

$$a = -\frac{2}{1 \cdot 3 \cdot 4} = -\frac{1}{6}, \quad b = 2 \cdot \frac{1 + 3 + 4}{1 \cdot 3 \cdot 4} = \frac{4}{3}, \quad c = -2 \cdot \left(\frac{1}{1} + \frac{1}{3} + \frac{1}{4} \right) = -\frac{19}{6} \text{ und } d = 2 .$$

Netterweise stimmen obige Resultate auch dann, wenn die kubische Funktion nur genau eine reelle Nullstelle hat. Die anderen beiden Nullstellen sind dann zueinander konjugiert komplex.

Beispiel: $g(x) = \frac{1}{8}(x - 3) \cdot (x^2 + 1)$ hat die Nullstellen $3, i, -i$ und den Ordinatenabschnitt $y_o = -\frac{3}{8}$.

Das ergibt als Lösung gemäss den Formeln in obigem Kästchen die (**nur reellen (!)**) Koeffizienten

$$a = \frac{1}{8}, b = -\frac{3}{8}, c = \frac{1}{8}, d = -\frac{3}{8} .$$

Der Satz von Eudoxos

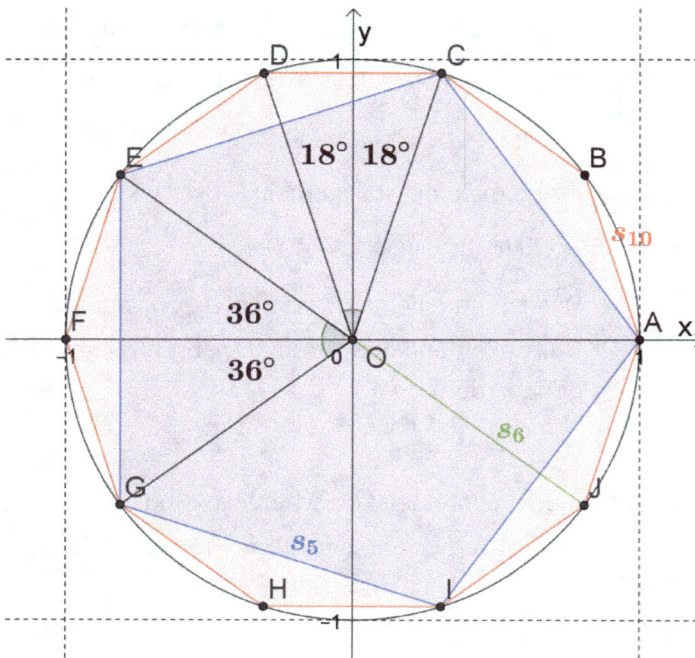

Einem Kreis mit Radius s_6 wird ein reguläres 5–Eck mit Seitenlängen s_5 und ein reguläres 10–Eck mit Seitenlängen s_{10} eingeschrieben. Nicht eingezeichnet ist in der Figur links das diesem Kreis eingezeichnete reguläre 6–Eck, das die Seitenlängen s_6 hätte.

Es gilt: $s_5 = 2 \cdot s_6 \cdot \sin(36°)$ und
$s_{10} = 2 \cdot s_6 \cdot \sin(18°)$.

Die exakten Werte der Quadrate der Sinusfunktion dieser Winkel sind

$$\sin^2(36°) = \frac{5}{8} - \frac{\sqrt{5}}{8} \text{ und}$$

$$\sin^2(18°) = \frac{3}{8} - \frac{\sqrt{5}}{8}. \text{ Damit wird}$$

$$s_5^2 = 4 \cdot s_6^2 \cdot \left(\frac{5}{8} - \frac{\sqrt{5}}{8} \right) \text{ und } s_{10}^2 = 4 \cdot s_6^2 \cdot \left(\frac{3}{8} - \frac{\sqrt{5}}{8} \right). \text{ Ihre Differenz wird damit gerade gleich } s_6^2.$$

Satz von Eudoxos

(Eudoxos von Knidos, * wohl zwischen 397 und 390 v. Chr. in Knidos; † wohl zwischen 345 und 338 v. Chr. in Knidos: Griechischer Mathematiker, Astronom, Geograph, Arzt, Philosoph und Gesetzgeber der Antike):

Werden einem Kreis mit Radius $r = s_6$ ein reguläres 5–Eck, ein reguläres 6–Eck und ein reguläres 10–Eck einbeschrieben, dann ist die Summe aus dem Quadrat der 10–Eck–Seite und dem Quadrat der 6–Eck–Seite gleich dem Quadrat der 5–Eck–Seite:

$$\boxed{s_5^2 = s_6^2 + s_{10}^2}.$$

Ist $s_6 = 1$, dann wird die 10–Eck–Seite gleich $s_{10} = \frac{\sqrt{5}-1}{2} \approx 0.618\,034$ und die 5–Eck–Seite gleich

$$s_5 = \sqrt{\frac{5-\sqrt{5}}{2}} \approx 1.17557, \text{ womit in der Tat } s_5^2 - s_{10}^2 = s_6^2 \text{ bestätigt wird.}$$

Exakter Wert von sin(18°)

Um den exakten Wert von $\sin(18°)$ zu berechnen, führen wir den Winkel $\varphi = 18°$ ein. Damit wird $2\varphi + 3\varphi = 90°$, oder $2\varphi = 90° - 3\varphi$.

Nehmen wir auf beiden Seiten den Sinus dieser Terme, erhalten wir $\sin(2\varphi) = \sin(90° - 3\varphi)$. Wegen dem Additionstheorem $\sin(90° - 3\varphi) = \sin(90°)\cos(3\varphi) - \cos(90°)\sin(3\varphi) := \cos(3\varphi)$ ist die rechte Seite dieser Gleichung einfach gleich $\cos(3\varphi)$. Damit wird $\sin(2\varphi) = \cos(3\varphi)$, was bereits einer gewaltigen Vereinfachung entspricht.

Die linke Seite dieser neuen Gleichung ist, wieder wegen des Additionstheorems, gleich $2\sin(x)\cos(x)$. Die rechte Seite ist gleich $\cos(\varphi + 2\varphi)$, und darum gleich $\cos(\varphi)\cos(2\varphi) - \sin(\varphi)\sin(2\varphi)$. Verwenden wir die Additionstheoreme weiter, erhalten wir $\cos(2\varphi) = \cos^2(\varphi) - \sin^2(\varphi)$ und $\sin(2\varphi) = 2\sin(\varphi)\cos(\varphi)$; eingesetzt und vereinfacht ergibt dies $\cos(3\varphi) = 4\cos^3(\varphi) - 3\cos(\varphi)$.

Damit stellt sich die Gleichung dar als $2\sin(\varphi)\cos(\varphi) = 4\cos^3(\varphi) - 3\cos(\varphi)$. Da $\cos(18°) \neq 0$ ist, können wir beide Seiten dieser Gleichung durch $\cos(\varphi)$ teilen, was zur Gleichung $2\sin(\varphi) = 4\cos^2(\varphi) - 3$ führt. Der Term $\cos^2(\varphi)$ darf nun durch $1 - \sin^2(\varphi)$ ersetzt werden. Dies ergibt nach einfachen Termumformungen die in $\sin(\varphi)$ quadratische Gleichung

$$4\sin^2(\varphi) + 2\sin(\varphi) - 1 = 0$$

mit den Lösungen $\sin(\varphi) = \dfrac{-1 \pm \sqrt{5}}{4}$. Da $\sin(18°) > 0$ ist, fällt das "−" vor der Wurzel weg, und wir erhalten den exakten Wert: $\boxed{\sin(18°) = \dfrac{\sqrt{5} - 1}{4}}$, was angenähert ungefähr $0.309017...$ ist. Und für das Quadrat ergibt sich $\sin^2(18°) = \dfrac{3 - \sqrt{5}}{8}$, was früher (s. "Der Satz von Eudoxos") verwendet worden ist.

Damit ergibt sich leicht auch der exakte Sinus–Wert des doppelten Winkels:

$$\sin(36°) = 2 \cdot \sin(18°) \cdot \sqrt{1 - \sin^2(18°)}.$$

Nach Einsetzen und Vereinfachung erhalten wir dafür

$$\sin(36°) = \frac{1}{2}\sqrt{\frac{5 - \sqrt{5}}{2}} \approx 0.587785...$$

Tabelle der Winkelfunktionen von Vielfachen des Arguments x

Sinus von $k \cdot x$:

$$\sin[x] \qquad \sin[x]$$

$$\sin[2x] \qquad 2\cos[x]\sin[x]$$

$$\sin[3x] \qquad 3\cos[x]^2 \sin[x] - \sin[x]^3$$

$$\sin[4x] \qquad 4\cos[x]^3 \sin[x] - 4\cos[x]\sin[x]^3$$

$$\sin[5x] \qquad 5\cos[x]^4 \sin[x] - 10\cos[x]^2 \sin[x]^3 + \sin[x]^5$$

Kosinus von $k \cdot x$:

$$\cos[x] \qquad \cos[x]$$

$$\cos[2x] \qquad \cos[x]^2 - \sin[x]^2$$

$$\cos[3x] \qquad \cos[x]^3 - 3\cos[x]\sin[x]^2$$

$$\cos[4x] \qquad \cos[x]^4 - 6\cos[x]^2 \sin[x]^2 + \sin[x]^4$$

$$\cos[5x] \qquad \cos[x]^5 - 10\cos[x]^3 \sin[x]^2 + 5\cos[x]\sin[x]^4$$

Tangens von $k \cdot x$:

$$\tan[x] \qquad \frac{\sin[x]}{\cos[x]}$$

$$\tan[2x] \qquad \frac{2\cos[x]\sin[x]}{\cos[x]^2 - \sin[x]^2}$$

$$\tan[3x] \qquad \frac{3\cos[x]^2 \sin[x] - \sin[x]^3}{\cos[x]^3 - 3\sin[x]^2 \cos[x]}$$

$$\tan[4x] \qquad \frac{4\left(\cos[x]^3 \sin[x] - \cos[x]\sin[x]^3\right)}{\cos[x]^4 - 6\cos[x]^2 \sin[x]^2 + \sin[x]^4}$$

$$\tan[5x] \qquad \frac{5\cos[x]^4 \sin[x] - 10\cos[x]^2 \sin[x]^3 + \sin[x]^5}{\cos[x]^5 - 10\cos[x]^3 \sin[x]^2 + 5\cos[x]\sin[x]^4}$$

$$\tan[6x] \qquad \frac{6\cos[x]^5 \sin[x] - 20\cos[x]^3 \sin[x]^3 + 6\cos[x]\sin[x]^5}{\cos[x]^6 - 15\cos[x]^4 \sin[x]^2 + 15\cos[x]^2 \sin[x]^4 - \sin[x]^6}$$

$$\tan[7x] \qquad \frac{7\cos[x]^6 \sin[x] - 35\cos[x]^4 \sin[x]^3 + 21\cos[x]^2 \sin[x]^5 - \sin[x]^7}{\cos[x]^7 - 21\cos[x]^5 \sin[x]^2 + 35\cos[x]^3 \sin[x]^4 - 7\cos[x]\sin[x]^6}$$

Georg Cantor

Georg Ferdinand Ludwig Philipp Cantor (3. März 1845 – 6. Januar 1918) war ein deutscher Mathematiker, der die Mengenlehre begründet hat.

Insbesondere untersuchte er unendliche Mengen und zeigte beispielsweise, dass die Menge aller natürlichen Zahlen gleich mächtig ist wie die Menge der geraden natürlichen Zahlen, dass aber die Menge aller reellen Zahlen im Intervall [0,1] bereits mächtiger ist als die Menge der natürlichen Zahlen.

In seinem Sinne gibt es also mehrere "verschieden grosse" Unendlichkeiten.

Cantor untersuchte auch die sog. Potenzmenge $P(M)$ einer Menge M : Dies ist einfach die Menge aller Teilmengen dieser Menge M .

Für endliche Mengen ist dieses Konzept problemlos. Ist beispielsweise $M = \{a,b,c\}$, dann wird ihre Potenzmenge gleich $P(M) = \{\{\},\{a\},\{b\},\{c\},\{a,b\},\{a,c\},\{b,c\},\{a,b,c\}\}$. Hat die Menge M genau 3 Elemente, dann hat ihre Potenzmenge $P(M)$ genau $2^3 = 8$ Elemente. Allgemein gilt für endliche Mengen:

"Mächtigkeit von M " $= |M| = n \Leftrightarrow$ "Mächtigkeit der Potenzmenge von M"$= |P(M)| = 2^n$.

Jetzt kann natürlich auch $P(P(M))$ gebildet werden, was bereits zu einer Menge mit 256 Elementen führt, und die etwa so beginnt:

$$\{\{\},\{\{\}\},\{\{a\}\},\{\{b\}\},\{\{c\}\},\{\{a,b\}\},\{\{a,c\}\},\{\{b,c\}\},\{\{a,b,c\}\},\{\{\},\{a\}\},\{\{\},\{b\}\},...\}.$$

Die Menge $P(P(P(M)))$ ist dann bereits eine Menge mit $2^{256} \approx 1.15792 \cdot 10^{77}$ Elementen!

Cantor betrachtete aber auch die Potenzmenge $P(\mathbb{N})$ der Menge der natürlichen und die Potenzmenge $P(\mathbb{R})$ der Menge der reellen Zahlen. Beide diese Mengen $\mathbb{N}$ und $\mathbb{R}$ sind ja bereits unendliche Mengen, und so haben die jeweilige Potenzmengen jeweils je "2^∞" Elemente, aber irgendwie können die Mächtigkeiten dieser Mengen doch nicht gleich sein: Weil $|\mathbb{R}| > |\mathbb{N}|$, was Cantor mit seinem zweiten Diagonalverfahren beweisen konnte, müssen doch auch die Mächtigkeiten ihrer Potenzmengen verschieden sein: $\infty_R = |P(\mathbb{R})| > |P(\mathbb{N})| = \infty_N$?!

Die von Cantor begründete Mengenlehre wurde von vielen seiner kontemporären Mathematikerkollegen nicht bedingungslos akzeptiert und, z. B. von Leopold Kronecker, sogar heftig bekämpft und als "Scharlatanerie" verunglimpft.

Viele der bei Cantor in seinem Alter wiederkehrenden Depressionen wurden auf diese ihm feindlich gesinnte Atmosphäre zurückgeführt. Vielleicht aber waren auch die sich in seiner Theorie auftürmenden Unendlichkeiten $2^{(2^{(2^{(...)})})}$ einem gesunden Geisteszustand wenig zuträglich...!

Drittelwinkelformel für die Sinus–Funktion

Bestens bekannt sind die **Halbwinkelformeln**: Mit diesen können Winkelfunktionen des halben Winkels durch Winkelfunktionen des ganzen Winkels wiedergegeben werden. So gilt beispielsweise für die Sinusfunktion $\sin\left(\dfrac{x}{2}\right) = \pm\sqrt{\dfrac{1-\cos(x)}{2}}$, wobei das Vorzeichen "+" für $x \in [0, 2\pi]$ und "–" für $x \in [2\pi, 4\pi]$ gilt, wenn insgesamt nur der Bereich $x \in [0, 4\pi]$ betrachtet wird. Diese Formel ist also bereits mit Vorsicht zu geniessen. Wie steht es aber mit einer **Drittelwinkelformel** für die Sinus–Funktion? Der Ausgangspunkt dafür ist die Identität $\sin(x) \equiv 3\sin\left(\dfrac{x}{3}\right) - 4\sin\left(\dfrac{x}{3}\right)^3$. Dies ist eine kubische Gleichung für $\sin\left(\dfrac{x}{3}\right)$. Verwenden wir die Lösungsformel für kubische Gleichungen, ergeben sich die folgenden drei (reellen !) Lösungen:

$$\sin_1\left[\frac{x}{3}\right] = \frac{1 + \left(-\sin[x] + \sqrt{-1 + \sin[x]^2}\right)^{2/3}}{2\left(-\sin[x] + \sqrt{-1 + \sin[x]^2}\right)^{1/3}} := L_1[x]$$

$$\sin_2\left[\frac{x}{3}\right] = \frac{-1 - i\sqrt{3} - \left(-\sin[x] + \sqrt{-1 + \sin[x]^2}\right)^{2/3} + i\sqrt{3}\left(-\sin[x] + \sqrt{-1 + \sin[x]^2}\right)^{2/3}}{4\left(-\sin[x] + \sqrt{-1 + \sin[x]^2}\right)^{1/3}} := L_2[x]$$

$$\sin_3\left[\frac{x}{3}\right] = \frac{-1 + i\sqrt{3} - \left(-\sin[x] + \sqrt{-1 + \sin[x]^2}\right)^{2/3} - i\sqrt{3}\left(-\sin[x] + \sqrt{-1 + \sin[x]^2}\right)^{2/3}}{4\left(-\sin[x] + \sqrt{-1 + \sin[x]^2}\right)^{1/3}} := L_3[x]$$

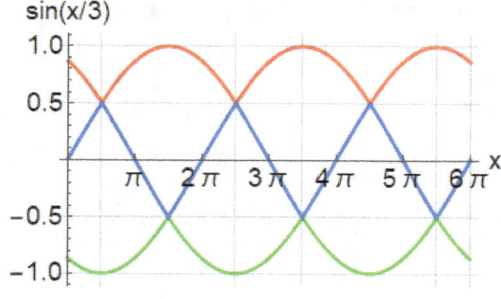

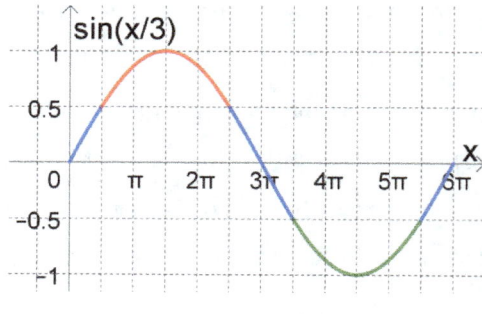

Diese Formeln sind nun erst recht mit Vorsicht zu geniessen: In der Figur links sind die Graphen von $L_1[x]$, $L_2[x]$, $L_3[x]$ wiedergegeben: Nur durch sorgfältige **Auswahl** der jeweiligen Lösung für jedes der passenden Teilintervalle im Bereich $x \in [0, 6\pi]$ ergibt sich eine insgesamt korrekte Gesamtlösung für dieses Problem, welche in der Figur rechts wiedergegeben ist! Jedenfalls stimmt die gelegentlich im Internet zu findende Formel

$$\sin\left[\frac{x}{3}\right] = \frac{1}{2} \cdot \left(\left(-\sin[x] + i\cos[x]\right)^{1/3} + \left(-\sin[x] - i\cos[x]\right)^{1/3}\right)$$

nur gerade im Intervall $x \in \left[\dfrac{\pi}{2}, \dfrac{5\pi}{2}\right]$; sie entspricht der Lösung $L_1[x]$.

Zeta(3)= $\zeta(3)$: Die Apéry–Konstante

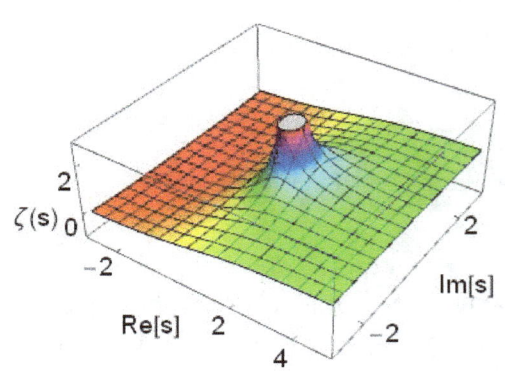

Die Zeta–Funktion ist für $\mathrm{Re}(s) > 1$ gegeben durch die Summe $\zeta(s) := \sum_{k=1}^{\infty} \frac{1}{k^s}$. Sie lässt sich analytisch fortsetzen für beliebige komplexe Zahlen s .

In der Figur links ist der Betrag ihres Wertes für einen kleinen Bereich der Argumente $s \in \mathbb{C}$ wiedergegeben.

Für reelle Zahlen $s = x \in \mathbb{R}$ ist ihr Graph in der folgenden Figur wiedergegeben. Für $x \in \mathbb{Z}$ sind ihre Funktionswerte durch Punkte markiert.

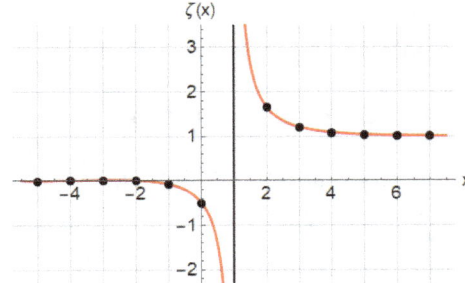

Es erstaunt natürlich nicht, dass $\zeta(1)$ nicht definiert ist: Es ist bekannt, dass die harmonische Reihe $\sum_{k=1}^{\infty} \frac{1}{k}$ divergiert.

Erstaunlich ist hingegen die Tatsache, dass $\zeta(0) = -\frac{1}{2}$ ist,

und weiter, dass für $n \in \mathbb{N}$ der Funktionswert $\zeta(-2n) = 0$ ist. In der folgenden Tabelle sind ein paar ihrer Funktionswerte für ganze Argumente x wiedergegeben:

$$\begin{pmatrix} x: & -5 & -4 & -3 & -2 & -1 & 0 & 1 & 2 & 3 & 4 & 5 & 6 & 7 \\ \zeta(x): & -\dfrac{1}{252} & 0 & \dfrac{1}{120} & 0 & -\dfrac{1}{12} & -\dfrac{1}{2} & \pm\infty & \dfrac{\pi^2}{6} & \zeta(3) & \dfrac{\pi^4}{90} & \zeta(5) & \dfrac{\pi^6}{945} & \zeta(7) \end{pmatrix}$$

Die Funktionswerte für gerade natürliche Argumente $\zeta(2n)$ sind seit der Lösung des "Basler Problems" durch Leonhard Euler bekannt. Euler fand im Jahr 1735 auch den allgemeinen Ausdruck

$$\zeta(s) = (-1)^{s/2-1} \cdot \frac{(2\pi)^s}{2s!} \cdot B_s \quad \text{(mit } B_s \text{ gleich der Bernoulli–Zahl von } s\text{)}$$

für beliebige **gerade** natürliche Zahlen s .

Eine allgemeine Formel für **ungerade** natürliche Argumente s ist bisher unbekannt. Die Erweiterung auf reziproke Kuben hatte schon Euler versucht. Und die Zahl $\zeta(3) \approx 1.2020569031595942$ hat sogar den eigenen Namen "Apéry-Konstante" (nach **Roger Apéry**; 14. November 1916, Rouen – 18 Dezember 1994, Caen; Französischer Mathematiker) erhalten! Sollte $\zeta(3) = \frac{\pi^3}{u}$ sein, dann müsste offensichtlich gelten, dass $6 < u = 25.794350166618685... < 90$ wäre. Diese Zahl u ist irgendwie nahe beim geometrischen Mittel ≈ 23.2379 von 6 und 90, aber auch wieder so weit weg davon, dass dies höchstens als grobe Näherung durchgehen könnte. Die Jagd nach einer allgemeinen Formel für ζ von ungeraden natürlichen Zahlen ist offen!

Zeta(3): Ergänzungen

Bereits Euler hatte die Formel $1 - \frac{1}{3^3} + \frac{1}{5^3} - \frac{1}{7^3} + \frac{1}{9^3} - ... + ... = \frac{\pi^3}{32}$ gefunden. Irgendwie könnte diese

Summe ja etwas mit $\zeta(3)$ zu tun zu haben! Umso mehr erstaunt es, das bis heute keine einfache

geschlossene Form für $\zeta(3) = 1 + \frac{1}{2^3} + \frac{1}{3^3} + \frac{1}{4^3} + \frac{1}{5^3} + ...$ gefunden worden ist! Vielleicht existiert so

etwas einfach gar nicht?

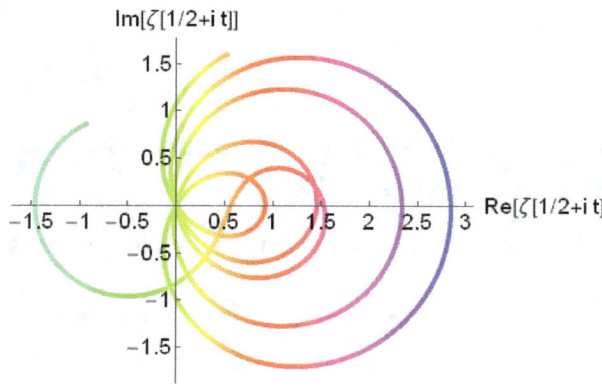

Im Zusammenhang mit diesem Problem steht natürlich die Frage nach den **Nullstellen** der Zeta–Funktion. Alle Nullstellen scheinen den Realteil $\frac{1}{2}$ zu haben! In der Figur links ist der Wert der Zeta–Funktion für die Argumente

$s = \frac{1}{2} + i \cdot t$ mit $-0.3 < t < 34$ wiedergegeben.

Die Farben korrespondieren mit dem Betrag der Funktion. Es zeigt sich, dass die Funktion genau für solche Argumente tatsächlich Nullstellen aufweist.

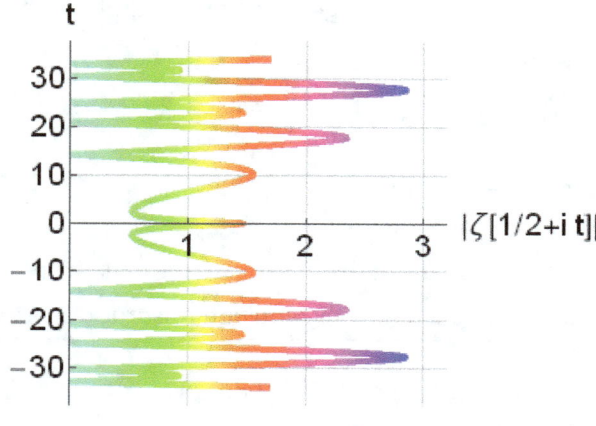

Noch klarer zeigt sich die in der nebenstehenden Graphik, in welcher der Betrag von

$\zeta\left(\frac{1}{2} + i \cdot t\right)$ in Abhängigkeit von t, mit

$-34 < t < 34$, wiedergegeben ist.

Die ersten 5 Nullstellen der Zeta–Funktion mit positivem Imaginärteil sind die folgenden – alle mit Realteil $\frac{1}{2}$:

$$\{0.5 + 14.13i, \; 0.5 + 21.02i, \; 0.5 + 25.01i, \; 0.5 + 30.42i, \; 0.5 + 32.93i\}.$$

Nicht nur die Frage nach einer einfachen Form für $\zeta(3)$ ist offen: Auch die Frage nach entsprechenden Formeln für **beliebige** ungerade ganze Argumente ist offen!

Hier wenigstens einmal angenäherte numerischen Funktionswerte für ein paar dieser Argumente s :

$$\begin{pmatrix} s: & -5. & -3. & -1. & 1. & 3. & 5. \\ \zeta(s): & -0.00396 & 0.00833 & -0.08333 & \text{undef.} & 1.20205 & 1.03692 \end{pmatrix}.$$

Eine unglaublicherweise divergierende Reihe

Die Divergenz der Harmonischen Reihe und dazu passende Beweise sind hinlänglich bekannt: So ist

$\sum_{k=1}^{\infty} \frac{1}{k} > N$ für jede beliebige natürliche Zahl N.

Allerdings braucht es bereits für nicht allzu riesige Zahlen N bereits eine unglaublich grosse Anzahl Summanden! Mit einer Million Summanden ergibt diese Summe erst etwa 14.3927; und mit 10 Millionen Summanden erst etwa 16.695. Die Harmonische Reihe divergiert im Wesentlichen etwa mit dem Logarithmus der Anzahl ihrer Summanden.

Eine noch viel unglaublichere Geschichte ist von Euler 1737 bewiesen worden: Die **Summe der Kehrwerte aller Primzahlen** ist ebenfalls divergent! Die Reihe

$$\frac{1}{2} + \frac{1}{3} + \frac{1}{5} + \frac{1}{7} + \frac{1}{11} + \frac{1}{13} + ... = \sum_{p \text{ prime}} \frac{1}{p}$$

ist grösser als N für jede Zahl $N \in \mathbb{N}$. Diese Reihe divergiert noch viel langsamer als die Harmonische Reihe, im Wesentlichen mit dem Logarithmus des Logarithmus der Anzahl Summanden.

Summe

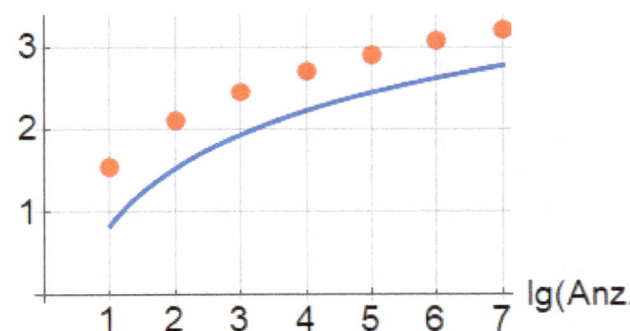

In der Figur links sind mit roten Punkten die Summen der Kehrwerte der ersten 10, 100, 1000,...,10^7 Primzahlen eingezeichnet worden. Darunter ist die Kurve mit der Gleichung $y(x) = \ln(\ln(10^x))$ wiedergegeben, die so halbwegs parallel zu diesen Punkten verläuft.

Die Summe der Kehrwerte der ersten Million Primzahlen ergibt nur gerade etwas mehr als 3, nämlich etwa 3.068219, und mit 10 Millionen Summanden wird dieser Wert nur gerade 3.206218, also auch nicht so grandios viel grösser!

Anschaulich ist mit Hilfe der obigen Graphik wenigstens nachvollziehbar, dass diese Summe divergent sein könnte; der Beweis dafür ist allerdings nicht ganz einfach; er erstreckt sich im wunderbaren Buch "In Pursuit of Zeta–3" (ISBN 978–0–691–24764–9) von Paul J. Nahin (26. November 1940 in Orange County, California; Amerikanischer Elektroingenieur und Buchautor) über mehrere Seiten.

Einige Erfolge von Johannes Bernoulli

Eulers Mentor in Basel war der Mathematiker Johannes Bernoulli (6. August 1667 – 1. Januar 1748). Ihm gelang die Berechnung einiger bemerkenswerter Integrale:

$$\int_0^1 x^x dx = 1 - \frac{1}{2^2} + \frac{1}{3^3} - \frac{1}{4^4} + \frac{1}{5^5} - \ldots + \ldots = 0.78343\ldots$$

Diese Reihe wurde von Johannes "series mirabilis" genannt. Sie konvergiert bemerkenswert schnell: Schon mit 7 Summanden werden die oben angegebenen 5 signifikanten Stellen erreicht.

2. $$\int_0^1 x^{(x^2)} dx = 1 - \frac{1}{3^2} + \frac{1}{5^3} - \frac{1}{7^4} + \frac{1}{9^5} - \ldots + \ldots = 0.896488\ldots \,.$$

Dieses Integral macht einen noch viel unnahbareren Eindruck. Umso erstaunlicher erscheint darum heute die damalige Leistung von Johannes.

3. $$\int_0^1 x^{\sqrt{x}} dx = 1 - \left(\frac{2}{3}\right)^2 + \left(\frac{2}{4}\right)^3 - \left(\frac{2}{5}\right)^4 + \left(\frac{2}{6}\right)^5 - \ldots + \ldots = 0.658582\ldots \,.$$

Dies ist gewissermassen das Pendant zum Integral unter Punkt 2. Zu allen diesen drei Integralen existiert keine elementare Stammfunktion. Ausserdem fand er die folgenden Reihen:

4. $$\sum_{k=1}^\infty \frac{k}{2^k} = \frac{1}{2} + \frac{2}{4} + \frac{3}{8} + \frac{4}{16} + \ldots = 2\,.$$

Dieses Resultat ist leicht nachvollziehbar. Die geometrische Reihe $\frac{x}{2} + \frac{x^2}{4} + \frac{x^3}{8} + \frac{x^4}{16} + \ldots$ hat die Summe $\frac{x}{2-x}$. Differentiation dieser Reihe nach x ergibt $\frac{2}{(x-2)^2}$. Für $x = 1$ ergibt dies einerseits die gesuchte Reihe und andererseits gerade gleich 2.

5. $$\sum_{k=1}^\infty \frac{k^2}{2^k} = \frac{1}{2} + \frac{4}{4} + \frac{9}{8} + \frac{16}{16} + \frac{25}{32} + \ldots = 6\,.$$

Mit einer analogen Argumentation lassen sich auch dieses und das folgende Resultat finden.

6. $$\sum_{k=1}^\infty \frac{k^3}{2^k} = \frac{1}{2} + \frac{8}{4} + \frac{27}{8} + \frac{64}{16} + \ldots = 26\,.$$

Ein Integrations-Trick

Interessanterweise gilt für integrierbare Funktionen $f(x)$:

$$\int_a^b f(x)\,dx \equiv \int_a^b f(a+b-x)\,dx$$

Als Beispiel:

In[16]:= **A = Integrate[x^2 / 6., {x, 2, 5}]**

Out[16]= 6.5

In[17]:= **B = Integrate[(2 + 5 - x)^2 / 6., {x, 2, 5}]**

Out[17]= 6.5

Warum ist das so?

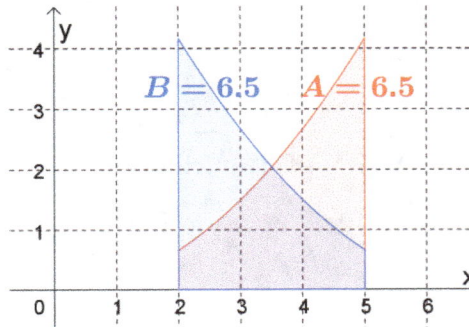

In der Figur links sind beide diese Integrale graphisch wiedergegeben. Die zweite Kurve bei B ergibt sich als Spiegelbild der ersten bei einer Spiegelung an der Geraden

$$x = x_o = \frac{a+b}{2}.$$

Wie heisst denn allgemein die Gleichung einer Kurve mit der Gleichung $y = f(x)$, die an einer Geraden $x = x_o$ gespiegelt wird?

1. Die Gleichung der um x_o nach links verschobenen Kurve heisst $y = f(x - x_o)$.

2. Die Spiegelung dieses Graphen an der y-Achse hat die Gleichung $y = f(-x + x_o)$.

3. Diese Kurve wird nun wieder um x_o nach rechts verschoben, was $y = f(-x + 2x_o)$ ergibt.

Wenn nun $x_o = \dfrac{a+b}{2}$ gewählt wird, ergibt sich aus $y = f(x)$ die Gleichung $y = f(a+b-x)$. Klarerweise sind dann die Integrale beider Funktionen über die gleichen Grenzen, also von a bis b, gleich.

Dieser "Trick" erleichtert beispielsweise das Lösen der folgenden beiden Integrale:

1. $\displaystyle\int_0^{\pi/2} \frac{\sin^3(x)}{\sin^3(x) + \cos^3(x)}\,dx = \frac{\pi}{4}$.

2. $\displaystyle\int_1^{2011} \frac{\sqrt{x}}{\sqrt{2012 - x} + \sqrt{x}} = 1005$.

Viel Glück und Spass!

Zwei Summen von Ramanujan

Die erste Summe ist die unendliche Summe $S_1 = \dfrac{1}{1} + \dfrac{1}{1 \cdot 2} + \dfrac{1}{1 \cdot 2 \cdot 3} + \dfrac{1}{1 \cdot 2 \cdot 3 \cdot 4} + \ldots$. Um diese Summe

zu finden, definieren wir eine Funktion $y(x) = \dfrac{x}{1} + \dfrac{x^2}{1 \cdot 2} + \dfrac{x^3}{1 \cdot 2 \cdot 3} + \dfrac{x^4}{1 \cdot 2 \cdot 3 \cdot 4} + \ldots$. Ihre Ableitung ist

die Funktion $y'(x) = \dfrac{1}{1} + \dfrac{x}{1} + \dfrac{x^2}{1 \cdot 2} + \dfrac{x^3}{1 \cdot 2 \cdot 3} + \ldots$. Offensichtlich gilt hier $y'(x) = 1 + y(x)$. Die Lösung

dieser Differentialgleichung ist die Funktionenschar $y(x) = c \cdot e^x - 1$. Weiter muss $y(0) = 0$ sein,

weshalb $c = 1$ wird, und damit wird $y(x) = e^x - 1$. Für $x = 1$ ergibt sich so $S_1 = e - 1$.

Die zweite Summe ist die Summe $S_2 = \dfrac{1}{1} + \dfrac{1}{1 \cdot 3} + \dfrac{1}{1 \cdot 3 \cdot 5} + \dfrac{1}{1 \cdot 3 \cdot 5 \cdot 7} + \ldots$. Das oben durchgeführte

Vorgehen sollte hier auch möglich sein. Wir definieren darum eine Funktion

$y(x) = \dfrac{x}{1} + \dfrac{x^3}{1 \cdot 3} + \dfrac{x^5}{1 \cdot 3 \cdot 5} + \dfrac{x^7}{1 \cdot 3 \cdot 5 \cdot 7} + \ldots$ mit der Ableitung $y'(x) = \dfrac{1}{1} + \dfrac{x^2}{1} + \dfrac{x^4}{1 \cdot 3} + \dfrac{x^6}{1 \cdot 3 \cdot 5} + \ldots$.

Hier gilt eine Differentialgleichung: $y'(x) = 1 + x \cdot y(x)$; sie hat die Lösung

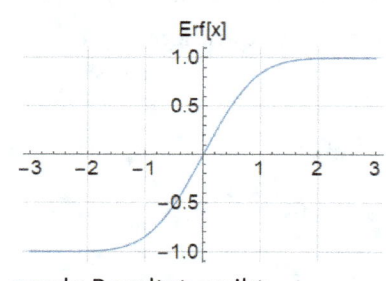

$$y(x) = c \cdot e^{\frac{x^2}{2}} + e^{\frac{x^2}{2}} \sqrt{\frac{\pi}{2}} \, Erf\left(\frac{x}{\sqrt{2}}\right).$$

Die Error–Funktion ist wie folgt definiert: $Erf(z) = \dfrac{2}{\sqrt{\pi}} \displaystyle\int_0^z e^{-t^2} dt$.

Auch hier ist $y(0) = 0$, weshalb $c = 0$ wird, womit sich das fol-

gende Resultat ergibt:

$$S_2 = y(1) = \sqrt{\frac{e \cdot \pi}{2}} \, Erf\left(\frac{1}{\sqrt{2}}\right) \approx \sqrt{\frac{e \cdot \pi}{2}} \cdot 0.682689 \approx 1.41069 .$$

Ramanujan hat auch den folgenden Kettenbruch berechnet: $B = \cfrac{1}{1 + \cfrac{1}{1 + \cfrac{2}{1 + \cfrac{3}{1 + \ldots}}}}$.

Und gezeigt, dass $S_2 + B = \sqrt{\dfrac{\pi \cdot e}{2}}$: Er war ein absolut genialer Mathematiker!

Ausführliche Erklärungen dazu finden sich beim "Mathologer" unter

https://www.youtube.com/watch?v=6iTdNmDHfV0.

Ein weiterer Beweis für die Lösung des Basler Problems

Tom Mike Apostol (20. August, 1923 – 8. Mai 2016, amerikanischer Mathematiker) lieferte den folgenden Beweis für die Gleichheit $T = \sum_{n=1}^{\infty} \frac{1}{n^2} = \frac{\pi^2}{6}$, die Leonhard Euler als erster gefunden hatte.

Sein Ausgangspunkt ist das Doppelintegral

$\int_0^1 \int_0^1 \frac{1}{1 - x \cdot y} \, dx \, dy$. Der Integrand kann als geometrische Summe angesehen werden, und die Integrale können ausgewertet werden:

$$\int_0^1 \int_0^1 \frac{1}{1-x \cdot y} \, dx \, dy = \int_0^1 \int_0^1 \sum_{n \geq 0} (x \cdot y)^n dx \, dy = \sum_{n \geq 0} \left\lfloor \frac{y^{n+1}}{n+1} \right\rfloor_0^1 \cdot \left\lfloor \frac{x^{n+1}}{n+1} \right\rfloor_0^1 = \sum_{n \geq 0} \frac{1}{(n+1)^2} = \sum_{n \geq 1} \frac{1}{n^2} := T.$$

Das Problem besteht jetzt 'nur' noch darin, das Doppelintegral $\int_0^1 \int_0^1 \frac{1}{1 - x \cdot y} \, dx \, dy$ auszuwerten.

Mathematica hat dieses Integral mit $Integrate\left[1/(1 - x \cdot y), \{x, 0, 1\}, \{y, 0, 1\}\right]$ im Griff und liefert das richtige Resultat. Aber wie könnte dieses ohne die Benützung eines CAS berechnet werden?!

Hier hilft eine Substitution: $\begin{vmatrix} x = u - v \\ y = u + v \end{vmatrix}$ resp. $\begin{vmatrix} u = (x+y)/2 \\ v = (y-x)/2 \end{vmatrix}$. Das Integral $\int_0^1 \int_0^1 \frac{1}{1 - x \cdot y} \, dx \, dy$ wird

mit den neuen Variablen $\dfrac{T}{2} = 2 \cdot \int_0^{1/2} \int_0^u \dfrac{1}{v^2 + (1 - u^2)} \, dv \, du + 2 \cdot \int_{1/2}^1 \int_0^{1-u} \dfrac{1}{v^2 + (1 - u^2)} \, dv \, du$; der

Faktor 2 rührt von der Funktionaldeterminante her, der zweite davon, dass auch die Fläche unterhalb der u –Achse berücksichtigt werden muss. Die erste Integration über v liefert Arcustangens–Funktionen. Mit der Einführung von Winkelfunktionen gelingt dann die weitere Auswertung in konventioneller, sozusagen elementarer Weise.

Es wäre auch möglich gewesen, $T = \int_0^1 \int_0^1 \frac{1}{1 - x \cdot y} \, dx \, dy$ zuerst einmal über x und danach über y zu integrieren:

$$T = \int_0^1 \left(\int_0^1 \frac{1}{1 - x \cdot y} \, dx \right) dy = \int_0^1 \left(\frac{-\ln(1 - y)}{y} \right) dy = \frac{\pi^2}{6}.$$

Das zweite Integral über y ist dann allerdings nicht mehr so ganz elementar... !

Wie Laplace das Gauss'sche Integral berechnete

Gesucht ist das Gauss'sche Integral $I = \int_{-\infty}^{\infty} e^{-x^2} dx$:

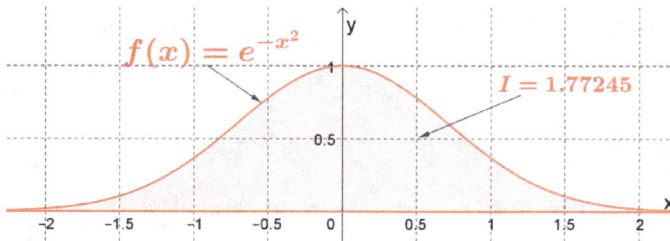

Pierre-Simon (Marquis de) Laplace (* 23. März 1749 in Beaumont-en-Auge in der Normandie; † 5. März 1827 in Paris), französischer Mathematiker, Physiker und Astronom) berechnete dieses Integral wie folgt:

Aus Symmetriegründen gilt zunächst einmal $I = 2\int_{0}^{\infty} e^{-x^2} dx$, was aber auch gleich $2\int_{0}^{\infty} e^{-y^2} dy$ ist. Darum wird

$$I^2 = 4\int_0^\infty \int_0^\infty e^{-\left(x^2+y^2\right)} dx \, dy.$$

Das übliche Vorgehen ist es nun, mit der Substitution $r^2 = x^2 + y^2$, mit Polarkoordinaten, mit der Transformation der Differentiale $dx \, dy = 2\pi r \, dr$ und entsprechender Anpassung der Integrale weiter zu arbeiten.

Laplace hingegen verwendete die Substitution $y = x \cdot t$, mit $dy = x \cdot dt$. Damit wird das Doppelintegral

$$I^2 = 4\int_{x=0}^{\infty} \int_{t=0}^{\infty} e^{-x^2\left(1+t^2\right)} x \, dt \, dx.$$

Nach dem Satz von Fubini ist dies aber auch gleich $I^2 = 4\int_{t=0}^{\infty} \int_{x=0}^{\infty} x \cdot e^{-x^2\left(1+t^2\right)} dx \, dt$. Das innere Integral ist $\int_{x=0}^{\infty} x \cdot e^{-x^2\left(1+t^2\right)} dx$, was gleich $\left. -\dfrac{e^{-\left(1+t^2\right)x^2}}{2\left(1+t^2\right)} \right|_{x=0}^{x=\infty} = \dfrac{1}{2\left(1+t^2\right)}$ ist. Damit wird

$I^2 = 2\int_0^\infty \dfrac{1}{1+t^2} dt$, was gleich $2 \cdot \left\lfloor \arctan(t) \right\rfloor_0^\infty$, also gleich $2 \cdot \dfrac{\pi}{2}$ und damit gleich π ist. Also wird

$$\boxed{I = \int_{-\infty}^{\infty} e^{-x^2} dx = \sqrt{\pi}}$$

Noch eine Lösungsvariante des Basler Problems

Das Basler Problem $S = \sum_{k=1}^{\infty} \frac{1}{k^2} = \frac{1}{1^2} + \frac{1}{2^2} + \frac{1}{3^2} + \ldots = \frac{\pi^2}{6}$ wurde von Leonhard Euler im Jahre 1735

gelöst. Seine Lösung erfolgte über ein Polynom mit unendlich vielen Faktoren, welches die gleichen Nullstellen wie ein Produkt passend gewählter Sinus–Funktionen aufweist.

Die Lösung hier geht vom Integral $I = \int_0^{\pi/2} \ln(2\cos(x))\, dx$ aus, das übrigens den Wert 0 hat – was aber hier nicht benutzt wird.

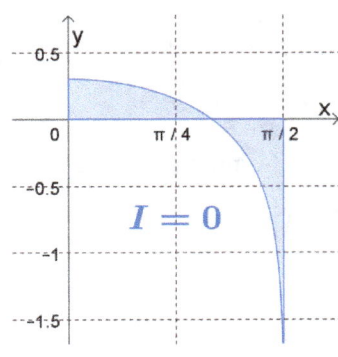

Zunächst wird für $\cos(x)$ die Beschreibung mit Exponentialfunktionen

angewendet: $I = \int_0^{\pi/2} \ln\left(2 \cdot \underbrace{\frac{e^{ix} + e^{-ix}}{2}}_{=\cos(x)}\right) dx$. Dies ist gleich

$$I = \int_0^{\pi/2} \ln\left(e^{ix}\left(1 + e^{-2ix}\right)\right) dx = \underbrace{\int_0^{\pi/2} \ln\left(e^{ix}\right) dx}_{I_1} + \underbrace{\int_0^{\pi/2} \ln\left(1 + e^{-2ix}\right) dx}_{I_2}.$$

Das erste Integral I_1 ist $\frac{i\pi^2}{8}$.

Für das zweite Integral I_2 verwenden wir die Entwicklung $\ln(1+z) = z - \frac{z^2}{2} + \frac{z^3}{3} - \frac{z^4}{4} + \ldots$, die für

$|z| \le 1$ gültig ist: $I_2 = \int_0^{\pi/2} \ln\left(1 + e^{-2ix}\right) dx = \int_0^{\pi/2}\left(e^{-2ix} - \frac{e^{-2\cdot2ix}}{2} + \frac{e^{-3\cdot2ix}}{3} - \frac{e^{-4\cdot2ix}}{4} + \ldots\right) dx$. Dies ist

gleich $\frac{1}{-2i}\left[e^{-2ix} - \frac{e^{-2\cdot2ix}}{2^2} + \frac{e^{-3\cdot2ix}}{3^2} - \frac{e^{-4\cdot2ix}}{4^2} + \ldots\right]_0^{\pi/2}$. Weil $e^{n\cdot i\pi} = -1$ für ungerade n und $e^{n\cdot i\pi} = 1$

für gerade n ist, wird $I_2 = -i\left(\frac{1}{1^2} + \frac{1}{3^2} + \frac{1}{5^2} + \ldots\right)$. Da das gesamte Integral I reell ist, muss die

Summe der rein imaginären Integrale $I_1 + I_2 = 0$ sein, woraus folgt, dass $\frac{\pi^2}{8} = \frac{1}{1^2} + \frac{1}{3^2} + \frac{1}{5^2} + \ldots$

sein muss. Das ist allerdings noch nicht ganz das gesuchte Resultat: Hier fehlen die Terme

$\left(\frac{1}{2^2} + \frac{1}{4^2} + \frac{1}{6^2} + \ldots\right) = \frac{1}{2^2} \cdot \underbrace{\left(\frac{1}{1^2} + \frac{1}{2^2} + \frac{1}{3^2} + \ldots\right)}_{=S}$. Die gesamte Summe wird darum $S = \frac{\pi^2}{8} + \frac{1}{4} \cdot S$,

woraus $\frac{3}{4} \cdot S = \frac{\pi^2}{8}$ folgt, oder eben $S = \frac{\pi^2}{6}$.

Die Idee zu dieser Herleitung war in dem wie immer fantastischen Blog von 'blackpenredpen' zu finden: Vielen Dank!

Ein Beweis der Euler'schen Formel

Die Euler'sche Formel besagt, dass $e^{ix} = \cos(x) + i \cdot \sin(x)$ für alle Werte von x gilt, diese Gleichung also allgemeingültig oder eben eine Formel oder Identität in x ist.

Der bekannteste Beweis dafür verwendet die Taylorentwicklungen beider Seiten:

$$e^{ix} = 1 + ix + \frac{(ix)^2}{2!} + \frac{(ix)^3}{3!} + \frac{(ix)^4}{4!} + \frac{(ix)^5}{5!} + \dots \quad \text{und} \quad \begin{aligned} \cos(x) &= 1 - \frac{x^2}{2!} + \frac{x^4}{4!} - \frac{x^6}{6!} + \dots \\ \sin(x) &= x - \frac{x^3}{3!} + \frac{x^5}{5!} - \frac{x^7}{7!} + \dots \end{aligned}$$

Weil für alle $n \in \mathbb{N}$ der Term $i^{4n-2} = -1$ und der Term $i^{4n} = 1$ ist, stimmt die Summe alle geraden Potenzen in der Taylorentwicklung von e^{ix} mit der Kosinusreihe überein.

Weil für alle $n \in \mathbb{N}$ der Term $i^{4n-1} = -i$ und der Term $i^{4n-3} = i$ ist, stimmt die Summe alle ungeraden Potenzen in der Taylorentwicklung von e^{ix} mit dem Produkt aus i und der Sinusreihe überein, woraus sich die Identität ergibt.

Hier folgt ein weiterer Beweis, der **keine** Reihen benötigt. Wir definieren eine Funktion $f(x) := \dfrac{\cos(x) + i \cdot \sin(x)}{e^{ix}}$ und stellen zunächst einmal fest, dass $f(0) = 1$ ist. Ihre Ableitung ist

$$f'(x) = \frac{e^{ix} \cdot (-\sin(x) + i \cdot \cos(x)) - i \cdot e^{ix}(\cos(x) - i \cdot \sin(x))}{e^{2ix}}$$, was gerade gleich 0 ist! Also ist $f(x)$

eine Konstante: $f(x) \equiv f(0) \equiv 1$. Folglich gilt $f(x) = \dfrac{\cos(x) + i \cdot \sin(x)}{e^{ix}} \equiv 1$, woraus die Behauptung unmittelbar folgt.

In der Graphik unten rechts wurden diejenigen komplexen Zahlen in einer Gauss'schen Zahlenebene eingezeichnet, die den Funktionswerten $f(\varphi) = \left(1 + \dfrac{i\varphi}{10^4}\right)^{10^4}$ für $\varphi \in \{0°, 15°, 30°, 45°, \dots, 360°\}$

entsprechen. Der richtige Wert für $e^{i\varphi}$ wäre natürlich der

Grenzwert $e^{i\varphi} = \lim\limits_{n \to \infty} \left(1 + \dfrac{i\varphi}{n}\right)^n$. Für $\varphi = 45°$ ist beispielsweise

$e^{i\pi/4} \approx 0.70710678 + 0.70710678\,i$, während

$\left(1 + \dfrac{\pi}{4 \cdot 10^4}\right)^{10^4} \approx 0.70712859 + 0.70712859\,i$ schon eine

recht praktikable Näherung dafür darstellt!

Diese Graphik könnte dazu beitragen, die Euler'sche Formel auch anschaulich begreifbar zu machen.

"Tabular Integration"

Dies ist eine Methode, um partielle Integrationen zu vereinfachen, insbesondere dann, wenn mehrere partielle Integrationen hintereinander ausgeführt werden müssen.

Die Methode der partiellen Integration basiert auf der Gleichung

$$\int u(x)\cdot v'(x)\,dx = u(x)\cdot v(x) - \int u'(x)\cdot v(x)\,dx$$

Sie ist vor allem dann nützlich, wenn die Ableitung $u'(x)$ einfacher ist als $u(x)$ und das Integral $v(x)=\int v'(x)\,dx$ leicht zu finden und nicht viel komplizierter als $v'(x)$ ist.

Die Methode funktioniert allerdings nur dann, wenn die abzuleitende Funktion $u(x)$ nach einer endlichen Anzahl von Schritten gleich 0 wird, wie dies z. B. bei Polynomfunktionen immer der Fall ist.

Als Beispiel soll das Integral $I = \int x^2 \sin(x)\,dx$ konventionell berechnet werden. Nach einer ersten partiellen Integration wird dies gleich $x^2 \cdot (-\cos(x)) - \int 2x\cdot(-\cos(x))\,dx$; nach einer Vereinfachung ergibt dies $x^2(-\cos(x)) + 2\int x\cdot\cos(x)dx$. Nach einer zweiten partiellen Integration erhalten wir den Term $I = x^2(-\cos(x)) + 2\left(x\cdot\sin(x) - \int 1\cdot\sin(x)\,dx\right)$, und nach der letzten noch anstehenden Integration das Schlussresultat: $I = -x^2\cos(x) + 2x\cdot\sin(x) + 2\cos(x)$, wobei natürlich eine Integrationskonstante mitgemeint ist.

Wie geht dies mit der "Tabular Integration"?

u(x):	v(x):
x^2	sin(x)
2x	−cosx)
x	−sin(x)
0	cos(x)

Wir erstellen eine Tabelle wie folgt: In der linken Kolonne wird $u(x)$ und deren sukzessiven **Ableitungen** eingetragen. In der rechten Kolonne wird $v(x)$ und deren sukzessiven **Integrale** eingetragen. Das Resultat der gesamten Integration ist dann das **alternierende Produkt** aus einem Eintrag in der linken Kolonne mit dem schräg darunter in der rechten Kolonne liegenden Term. Hier also

$$I = +\left(x^2\cdot(-\cos(x))\right) - \left(2x\cdot(-\sin(x))\right) + \left(x\cdot\cos(x)\right).$$

Ein Vergleich mit dem oben mühsam hergeleiteten Term zeigt, dass dieses Verfahren tatsächlich zum richtigen Resultat führt! Dabei wird einfach in jedem 'schiefen Produkt' im Wesentlichen im Schnellverfahren eine partielle Integration durchgeführt.

Wer sich mit diesem Verfahren in einer Übung anfreunden möchte, könnte damit beispielsweise so rasch und spasseshalber das Integral $\int x^3\cdot\cos(x)\,dx$ berechnen.

Das richtige Resultat wäre übrigens $x^3\sin(x) + 3x^2\cos(x) - 6x\sin(x) - 6\cos(x)$.

Voronoi – Zellenstruktur

Georgy Feodosevich Voronyi (Георгій Феодосійович Вороний; 28. April 1868 – 20. November 1908) war ein ukrainischer Mathematiker.

Ein Voronoi–Diagramm ist eine Unterteilung einer Ebene oder des Raums in Regionen respektive 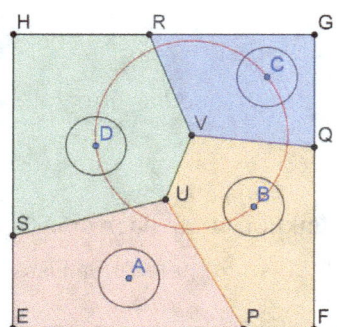 Zellen, die alle nahe bei jeweils einem von verschiedenen Objekten einer Menge sind. Im einfachsten Fall sind diese Objekte, die auch Generatoren oder 'seeds' genannt werden, einfach Punkte dieser Ebene oder dieses Raums. Für jeden dieser Generatoren ergibt sich eine zugehörige **Voronoi – Zelle**, die aus allen Punkten besteht, die sich näher bei diesem Generator befinden als alle andern Punkte der Ebene oder des Raums.

Formal kann die k –te Voronoi – Zelle R_k (mit $k \in \{1, 2, 3, ..., n\}$) einer Grundmenge X mit den Generatoren P_j (mit $j \in \{1, 2, 3, ..., n\}$) als eine Menge von Punkten x wie folgt definiert werden:

$$R_k = \{x \in X \mid d(x, P_k) \le d(x, P_j) \text{ für alle } j \ne k\} \ .$$

Dabei ist $d(x, P_j)$ der Abstand des Punktes x vom Generator P_j. Im einfachsten Fall ist dieser Abstand der Euklidische Abstand zwischen x und P_j; es können aber auch andere Abstände verwendet werden, beispielsweise der Abstand entsprechend einer Manhattan–Geometrie, woraus sich jeweils andere Voronoi–Diagramme ergeben.

In der oben widergegebenen Figur ist die Grundmenge das Quadrat EFGH mit den vier Generatoren ABCD und dem Euklidischen Abstand als Abstandsfunktion $d(x, P_k)$, was zu den vier verschiedenfarbig eingefärbten Voronoi–Zellen führt.

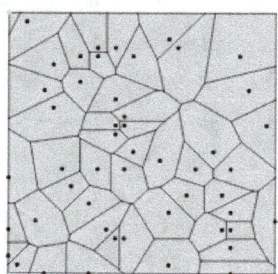 Mit den obigen Vorgaben sind alle Voronoi–Zellen konvexe Polygone. Die Trennungsstrecken zwischen zwei Voronoi–Zellen liegen dabei jeweils auf den Mittelsenkrechten zwischen den beiden zugehörigen Generatoren.

Mathematica erlaubt es, verschiedene Arten von Voronoi–Diagrammen mit einer beliebigen Anzahl von Generator–Punkten zu zeichnen. Das nebenstehende Diagramm stammt aus dem zugehörigen *Mathematica –* Hilfe–File.

Zu jedem Voronoi–Diagramm gehört das zugehöriges **Delaunay Triangulations–Diagramm**, das im Wesentlichen aus den nicht überlappenden Dreiecken besteht, die aus je drei Generatoren gebildet werden. Übrigens hat der grösstmögliche Kreis, der keinen der Generatoren enthält, seinen Mittelpunkt auf einem dieser Delauney–Punkte (S. Figur ganz oben!).

In der Natur kommen Strukturen vor, die an Voronoi – Diagramme erinnern, in der Ebene z. B. die Struktur, die durch die Rippen eines Laubblattes gegeben sind, und im Raum das Arrangement von räumlich eingeschränkten Seifenblasen.

Die Laplace–Transform

Die Laplace–Transform $F(p)$ einer von einer Variablen t abhängigen Funktion $f(t)$ ist gegeben durch $L(f(t)) = F(p) := \int_0^\infty e^{-p \cdot t} \cdot f(t)\, dt$. Wie leicht nachgerechnet werden kann, ist die Laplace–transformierte von $f(t) = 1$ die Funktion $F(p) = \dfrac{1}{p}$, und die Laplace–Transformierte von $f(t) = t$ die Funktion $F(p) = \dfrac{1}{p^2}$. Die Laplace–Transformation ist eine lineare Operation:

$$L(f(t) + g(t)) = L(f(t)) + L(g(t)) \text{ und } L(c \cdot f(t)) = c \cdot L(f(t))$$

Die Ableitung im Zeitbereich wird durch die Laplace–Transformation im Wesentlichen auf eine Multiplikation abgebildet: $L(f'(t)) = p \cdot F(p) - f(0)$, und $L(f''(t)) = p^2 \cdot F(p) - p \cdot f(0) - f'(0)$.

Weiter wird eine Integration im Zeitbereich im Wesentlichen auf eine Division abgebildet:
$L\left(\int_0^t f(T)dT\right) = \dfrac{1}{p} \cdot F(p)$. Es existieren grosse Bibliotheken mit verschiedensten Funktionen $f(t)$ und ihren zugehörigen Laplace–Transformierten, worin auch die Regel $L(e^{-k \cdot t}) = \dfrac{1}{k + p}$ zu finden ist.

Die Laplace–Transform ist nun speziell nützlich, um lineare Differentialgleichungen zu lösen. Statt einer Differentialgleichung in t ist dann nur eine algebraische Gleichung in p zu lösen, und anschliessend kann mit der Umkehrung der Laplace–Transform! Die soll an einem ersten Beispiel gezeigt werden. Gesucht ist die Lösung der Differentialgleichung

$$\left| \begin{aligned} &y''(t) + 7y'(t) + 12y(t) = 0 \\ &\text{mit } y(0) = 5 \text{ und } y'(0) = 2 \end{aligned} \right.$$

Mit den oben angegebenen Regeln erhalten wir für die Laplace–Transformierten beider Seiten:

$$p^2 \cdot F(p) - p \cdot y(0) - y'(0) + 7 \cdot \big(p \cdot F(p) - f(0)\big) + 12 \cdot F(p) = 0.$$

Daraus ergibt sich $F(p) = \dfrac{5p + 37}{p^2 + 7p + 12}$, oder mit einer Partialbruchzerlegung vereinfacht:

$F(p) = 22 \cdot \dfrac{1}{p + 3} - 17 \cdot \dfrac{1}{p + 4}$. Die dazugehörige Funktion ergibt sich als Umkehrung der Laplace–Transformation mit der oben erwähnten Regel zu $y(t) = 22e^{-3t} - 17e^{-4t}$.

Diese Funktion $y(t)$ ist in der Tat die einzige Lösung der oben gegebenen Differentialgleichung mit den angegebenen Anfangsbedingungen.

Die Laplace–Transform: Ein weiteres Beispiel

Die Laplace–Transform soll hier angewendet werden, um eine **inhomogene** lineare Differentialgleichung zu lösen.

Als Beispiel wählen wir die Gleichung

$$y''(t) + y(t) = \sin(2t)$$
$$\text{mit } y(0) = 0 \text{ und } y'(0) = 1$$

Um die Laplace–Transform durchführen zu können, benötigen wir die Laplace–Transformen von

$\sin(k \cdot t)$ und von $\cos(k \cdot t)$. Es gilt: $L\big(\sin(k \cdot t)\big) = \dfrac{k}{k^2 + p^2}$ (*) und $L\big(\cos(k \cdot t)\big) = \dfrac{p}{k^2 + p^2}$.

Die Laplace–Transform beider Seiten der Differentialgleichung ergibt für $F(p)$ die Gleichung

$$p^2 \cdot F(p) - \underbrace{p \cdot y(0)}_{=0} - \underbrace{y'(0)}_{=1} + F(p) = \frac{2}{2^2 + p^2}.$$

Aufgelöst erhalten wir $F(p) = \dfrac{6 + p^2}{\big(1 + p^2\big)\big(4 + p^2\big)}$. Jetzt fehlt nur noch die inverse Laplace–

Transformation dieses Terms. Dazu zerlegen wir $F(p)$ mit einer Partialbruchzerlegung in den Term

$F(p) = \dfrac{5}{3} \cdot \dfrac{1}{\big(1 + p^2\big)} - \dfrac{1}{3} \cdot \dfrac{2}{\big(4 + p^2\big)}$. Dank der oben wiedergegebenen Gleichung für $L\big(\sin(k \cdot t)\big)$ ist

ersichtlich, dass gilt:

$$y(t) = \frac{5}{3} \cdot \sin(t) - \frac{1}{3}\sin(2t).$$

Mathematica bringt als Lösung dieser Differentialgleichung die folgende Funktion $y[t]$:

$$\text{In[1]:= Expand[Simplify[DSolve[y''[t] + y[t] ==}$$
$$\text{Sin[2 t] \&\& y[0] == 0 \&\& y'[0] == 1, y[t], t]]]}$$
$$\text{Out[1]= \{\{y[t] -> 5 Sin[t]/3 - 2/3 Cos[t] Sin[t]\}\}}$$

Unter Berücksichtigung der Identität $\sin(2t) \equiv 2\sin(t) \cdot \cos(t)$ stimmen die beiden Resultate überein.

Es ist leicht zu überprüfen, dass mit dieser Lösung für $y(t)$ sowohl die Differentialgleichung als auch alle zugehörigen Anfangsbedingungen erfüllt sind!

(*) **Herleitung**:

Es gilt: $L\big(\sin(k \cdot t)\big) = \displaystyle\int_0^\infty e^{-p \cdot t} \sin(k \cdot t)\, dt = \left[-\dfrac{e^{-pt}\big(k \cos[kt] + p \sin[kt]\big)}{k^2 + p^2} \right]_0^\infty = \dfrac{k}{k^2 + p^2}.$

Zwei unerwarteterweise konvergente Reihen

Die Harmonische Reihe $\sum_{k=1}^{\infty} \frac{1}{n}$ ist bekanntlich divergent. Was aber, wenn im Zähler statt der 1 eine

Zahl r mit $|r| \leq 1$ steht? Beispielsweise bei der folgenden Summe $S_c = \sum_{k=1}^{\infty} \frac{\cos(k)}{k}$? Dazu berech-

nen wir einmal den Mittelwert $\mu = \frac{1}{10^n} \sum_{k=1}^{10^n} \cos(k)$ für ein paar Zehnerpotenzen:

$$\begin{pmatrix} lg(n): & 1 & 2 & 3 & 4 & 5 \\ \mu: & -0.141744.. & -0.005322.. & 0.00053798 & -0.000125.. & -0.000009.. \end{pmatrix}$$

Der Mittelwert μ geht gegen 0, weshalb diese Summe S_c existieren könnte! Dies ist tatsächlich der Fall:

$$S_c = \sum_{k=1}^{\infty} \frac{\cos(k)}{k} = -\frac{1}{2} \cdot \ln(2 - 2\cos(1)) \approx 0.0420195.$$

Numerisch ergibt sich für die erste Million Summanden die Summe $0.04201965...$, was Zutrauen zu dem oben angegebenen exakten Wert gibt.

Auch die Summe $S_s = \sum_{k=1}^{\infty} \frac{\sin(n)}{n}$ existiert, was jetzt allerdings nicht mehr verwunderlich sein

dürfte:

$$S_s = \sum_{k=1}^{\infty} \frac{\sin(k)}{k} = \frac{1}{2} \cdot (\pi - 1) \approx 1.0707963.$$

Numerisch ergibt sich für die erste Million Summanden die Summe $1.07079529...$, was hier eben-falls Zutrauen zu dem oben angegebenen exakten Wert gibt.

Hingegen scheint die Summe $S_t = \sum_{k=1}^{\infty} \frac{\tan(k)}{k}$ nicht zu existieren, da $|\tan(k)|$ für $k \in \mathbb{N}$ immer

wieder einmal massiv grösser als 1 wird.

Wie können diese Summen – auch wenn nur von akademischem Interesse – berechnet werden? Die Tipps dazu: Zuerst einmal kann S_c als Realteil der folgenden Summe geschrieben werden:

$S_c = \text{Re}\left(\sum_{k=1}^{\infty} \frac{ie^{ik}}{ik}\right)$, was wiederum als $\text{Re}\left(\sum_{k=1}^{\infty} \int_{\varphi \to i \cdot \infty}^{\varphi=1} e^{in\varphi} d\varphi\right)$ betrachtet werden kann. Nach

Vertauschung von Summe und Integral und Angabe der geometrischen Reihe ohne Summenzeichen

kann das Integral mit einer Substitution gelöst werden, was zu $S_c = \frac{1}{2}\left(-\ln(1 - e^{-i}) - \ln(1 - e^i)\right)$

führt. Die Euler'sche Formel ergibt dann $e^i = \cos(1) + i \cdot \sin(1)$ und $e^{-i} = \cos(1) - i \cdot \sin(1)$, womit das oben erwähnte Resultat gefunden werden kann.

Ein analoges Vorgehen dürfte für die exakte Berechnung von S_s erfolgreich sein.

Zwei Beispiele für Feynman's Integrationsmethode

Erstes Beispiel:

$$I = \int_0^1 \frac{x^b - x^a}{\ln(x)}\, dx.$$

Für die Berechnung dieses Integrals betrachten wir I als Funktion von b: $I = I(b)$. Nun wird das ganze Integral $I(b)$ partiell nach b abgeleitet. Das ergibt

$$\frac{\partial}{\partial b} I(b) = \int_0^1 \frac{x^b \cdot \ln(x)}{\ln(x)}\, dx = \int_0^1 x^b dx = \left.\frac{x^{b+1}}{b+1}\right|_0^1 = \frac{1}{b+1}.$$

Damit wird $I(b) = \int \frac{1}{b+1}\, db = \ln(b+1) + C$. Ist aber $b = a$, dann wird der Zähler des Integrals gleich 0, und so wird auch $I(a) = 0$. Darum muss $I(a) = \ln(a+1) + C$ gleich 0 sein, woraus $C = -\ln(a+1)$ folgt. Das ergibt die Lösung:

$$I = I(b) = \ln(b+1) - \ln(a+1) = \ln\left(\frac{b+1}{a+1}\right).$$

Zweites Beispiel:

$$I = \int_{-\infty}^{\infty} \frac{\cos(x)}{x^2 + 1}\, dx$$

Für die Berechnung des Integrals verändern wir das Argument der Kosinusfunktion von x auf $x \cdot t$, womit I eine Funktion von t wird: $I = I(t) = \int_{-\infty}^{\infty} \frac{\cos(x \cdot t)}{x^2 + 1}\, dx$. Für $t = 1$ ergibt sich dann wieder das eigentlich gesuchte Integral. Nun wird das Integral $I(t)$ partiell nach t abgeleitet. Das ergibt

$\frac{\partial}{\partial t} I(t) = -\int_{-\infty}^{\infty} \frac{x \cdot \sin(t \cdot x)}{x^2 + 1}\, dx$. Der Integrand wird nun mit x erweitert, und im Zähler wird weiter

$0 = \sin(t \cdot x) - \sin(t \cdot x)$ addiert. Das ergibt $I'(t) = \underbrace{-\int_{-\infty}^{\infty} \frac{(x^2 + 1) \cdot \sin(t \cdot x)}{x \cdot (x^2 + 1)}\, dx}_{= -\pi} + \int_{-\infty}^{\infty} \frac{\sin(t \cdot x)}{x \cdot (x^2 + 1)}\, dx$.

Im ersten Integral kürzt sich $(x^2 + 1)$ weg. Und dieses Integral ist bekannt: Es wird für jeden reellen Wert von t gleich π. Jetzt berechnen wir noch die zweite Ableitung:

$$I''(t) = \int_{-\infty}^{\infty} \frac{x \cdot \cos(t \cdot x)}{x \cdot (x^2 + 1)}\, dx = \int_{-\infty}^{\infty} \frac{\cos(t \cdot x)}{(x^2 + 1)}\, dx \underset{oho!}{=} I(t)$$

Wir können darum den Ansatz $I(t) = C \cdot e^{\lambda \cdot t}$ verwenden. Die charakteristische Gleichung ergibt $\lambda^2 = 1$, mit $\lambda_1 = 1$ und $\lambda_2 = -1$. Wir erhalten $I(t) = C_1 \cdot e^t + C_2 \cdot e^{-t}$. Aus der Definition von $I(t)$ ergibt sich für $I(t = 0) = \int_{-\infty}^{\infty} \frac{dx}{x^2 + 1} = \left.\arctan(x)\right|_{-\infty}^{\infty} = \pi := C_1 + C_2$. Und weiter ist

$I'(0) = -\pi := C_1 - C_2$. Aus diesem Gleichungssystem ergibt sich $C_1 = 0$ und $C_2 = \pi$, damit

$I(t) = \pi \cdot e^{-t}$ und schlussendlich $I = I(t = 1) = \frac{\pi}{e}$: $\boxed{I = \int_{-\infty}^{\infty} \frac{\cos(x)}{x^2 + 1}\, dx = \frac{\pi}{e} \approx 1.155727}$: So schön!

Mathemagische Kleinkunst

1. Wähle eine dreistellige natürliche Zahl a, deren Ziffern alle verschieden sind.

Zum Beispiel: $a = 543$.

2. Vertausche die Hunderterziffer h von a mit der Einerziffer e von a, wodurch eine neue Zahl b entsteht. Die Zehnerziffer z bleibt in der Mitte stehen.

Im Beispiel: $b = 345$.

3. Bilde den Betrag c der Differenz: $|a - b|$.

Im Bsp.: $c = |543 - 345| = |198| = 198$.

4. Vertausche die Hunderterziffer von c mit der Einerziffer von c, wodurch eine neue Zahl d entsteht.

Im Bsp.: $d = 891$.

5. Bilde die Summe s von c und d.

Im Bsp.: $s = c + d = 198 + 891 = 1089$.

Das ergibt aber magischerweise **für jede Wahl von** a die Zahl 1089. Wie kann das sein?!

Ganz einfach.

Es gilt: $\begin{vmatrix} a = h \cdot 100 + 10 \cdot z + e \\ b = e \cdot 100 + 10 \cdot z + h \end{vmatrix}$. Der Betrag der Differenz ist $c = |a - b| = 100 \cdot (h - e) + (e - h)$, wobei ohne Einschränkung der Allgemeinheit angenommen werden darf, dass $h > e$ ist. Vereinfacht ist dies auch $c = 99 \cdot (h - e)$. Es zeigt sich, dass der Wert von z total irrelevant ist! Nur h und e müssen verschiedene Ziffern sein.

Die Zahl $(h - e) := k$ ist eine Zahl zwischen 1 und 9, je inklusive. Das Produkt $99 \cdot k$ gibt für diese Werte von k als Einerziffer e' von c immer die Zahl $10 - k$; die Zehnerziffer z' ist immer eine 9, und die Hunderterziffer h' ist immer gleich $(k - 1)$, wie man leicht nachprüfen kann.

Bilden wir die Summe s von c und d: $\begin{vmatrix} c = (k-1) \cdot 100 + 9 \cdot 10 + (10 - k) \\ d = (10 - k) \cdot 100 + 9 \cdot 10 + (k - 1) \end{vmatrix} + :$

Wir erhalten $s = 9 \cdot 100 + 2 \cdot 90 + 9$. Die Variable k ist verschwunden! Die Summe s ist – unabhängig von der (zulässigen) Anfangszahl a – immer gleich:

Reine Magie! Oder eben halt doch nicht so ganz.

Verschiedene Funktionen, aber gleiche Integrale

Der Wert des Dirichlet'schen Integrals ist bekannt: $\int_{-\infty}^{\infty} \frac{\sin(x)}{x}\,dx = \pi$. Die Herleitung dieses Resultats gelingt wohl am Einfachsten mit der Evaluation eines Doppelintegrals:

$$\underbrace{\int_0^\infty \int_0^\infty e^{-s\cdot t}\sin(t)\,dt\,ds}_{=I_1} = \underbrace{\int_0^\infty \int_0^\infty e^{-s\cdot t}\sin(t)\,ds\,dt}_{=I_2}$$

Nach der inneren Integration über t wird $I_1 = \int_0^\infty \frac{1}{s^2+1}\,ds = \arctan(s)\Big]_0^\infty = \frac{\pi}{2}$. Nach der inneren

Integration über s wird $I_2 = \int_0^\infty \frac{\sin(t)}{t}\,dt$. Da $f(t) = \frac{\sin(t)}{t}$ eine gerade Funktion ist, wird

$$\int_{-\infty}^{\infty} \frac{\sin(t)}{t}\,dt = 2\cdot \int_0^\infty \frac{\sin(t)}{t}\,dt = \pi.$$

Was ist nun aber mit dem Integral $I_k = \int_{-\infty}^{\infty} \frac{\sin(k\cdot x)}{x}\,dx$ mit einem positiven Parameter k?

Dazu betrachten wir die Graphen von $f(x) = \frac{\sin(x)}{x}$ und $g(x) = \frac{\sin(2x)}{x}$:

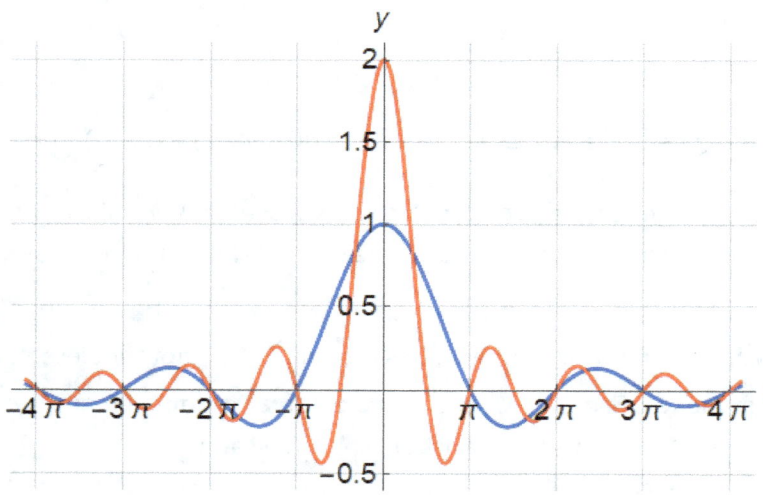

Wird der Graph von $f(x)$ mit einem Faktor k in der $x-$Richtung **komprimiert**, ergibt dies den Graphen der Funktion $u(x) = \frac{\sin(k\cdot x)}{k\cdot x}$. Wird der Graph von $u(x)$ weiter in der $y-$Richtung mit dem gleichen Faktor k **gestreckt**, ergibt dies den Graphen der Funktion $v(x) = k\cdot u(x) = \frac{\sin(k\cdot x)}{x}$.

Durch die Kompression in der $x-$Richtung wird die 'Fläche unter der Kurve', d. h. das Integral, um einen Faktor k kleiner. Durch die anschliessende Streckung in der $y-$Richtung wird diese Fläche, d. h. auch das Integral, wieder um einen Faktor k grösser, wie dies mit Hilfe der obigen Figur für $k = 2$ anschaulich nachvollzogen werden kann. Die Komprimierung und die Streckung kompensieren sich gerade bezüglich dieser Fläche: Diese bleibt darum gleich.

Daher gilt für beliebige positive Werte von k:

$$\boxed{\int_{-\infty}^{\infty} \frac{\sin(x)}{x}\,dx = \int_{-\infty}^{\infty} \frac{\sin(2x)}{x}\,dx = ... = \int_{-\infty}^{\infty} \frac{\sin(k\cdot x)}{x}\,dx = \pi}$$

Iss nur die Hälfte!

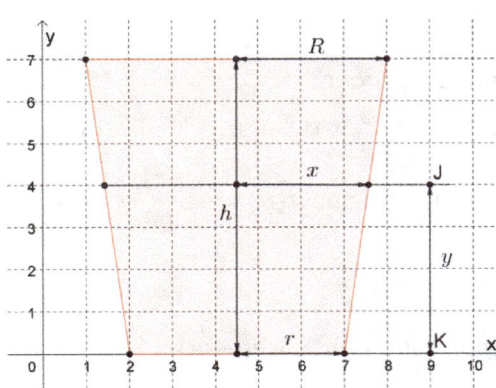

Ein **Jogurtbecher** hat die Form eines umgekehrt stehenden Kegelstumpfes mit den ungefähren Daten $R = 3.5\,cm$, $r = 2.5\,cm$ und $h = 8\,cm$.

Bis zu welcher Höhe y des Bechers darf daraus Jogurt gegessen werden, wenn noch ein Prozentsatz p des ursprünglichen Jogurtvolumens im Becher übrig bleiben soll? Speziell interessant ist dabei der Fall mit $p = \dfrac{1}{2}$.

Das Volumen eines Kegelstumpfs ist gegeben durch $V = \dfrac{\pi h}{3}\left(R^2 + Rr + r^2\right)$. Es muss also gelten:

$$p \cdot V = p \cdot \frac{\pi h}{3}\left(R^2 + Rr + r^2\right) = \frac{\pi y}{3}\left(x^2 + xr + r^2\right) \text{ (Gl. 1).}$$

Zwischen x und y besteht der folgende Zusammenhang:

$$x = r + (R - r) \cdot \frac{y}{h} \text{ (Gl. 2)}$$

Setzen wir dieses x in Gl. 1 ein, erhalten wir die folgende kubische Gleichung für y:

$$hp\left(r^2 + rR + R^2\right) = y\left(r^2 + r\left(r + \frac{(-r+R)y}{h}\right) + \left(r + \frac{(-r+R)y}{h}\right)^2\right) \text{ (Gl.3)}$$

Diese Gl. 3 hat genau eine reelle Lösung für y, die allgemein recht kompliziert von r, R, h und p abhängig ist. Für die oben angegebenen konkreten Werte eines üblichen Jogurtbechers wird dies

$$y(p) = 4 \cdot \left(125 + 218p\right)^{1/3} - 20 \text{ (Gl. 4).}$$

Der Graph dieser Funktion ist in der nebenstehenden Figur wiedergegeben.

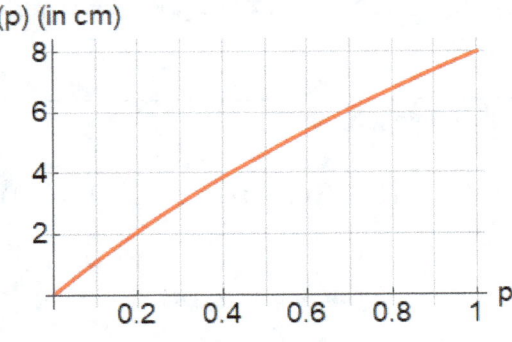

y(p) (in cm)

Die Gl. 4 ergibt für $p = \dfrac{1}{2}$ den Wert $y(p) = 4.64896...$ (cm): Wenn nur die Hälfte dieses Jogurts gegessen werden darf, können etwa 42 % der Höhe h, oder $3.35\,cm$, von oben weggegessen werden; etwa 58 % der Höhe h, oder $4.65\,cm$, müssen stehen gelassen werden.

Guten Appetit!

Nette Summen

Wie gross ist ist $S_2(99) = 1 \cdot 2 + 2 \cdot 3 + 3 \cdot 4 + 4 \cdot 5 + ... + 99 \cdot 100$?

Als erster Lösungsschritt kann einmal ein Faktor 2 ausgeklammert werden:
$S_2(99) = 2 \cdot (1 + 3 + 6 + 10 + 15 + ... + 4950)$. In der Klammer stehen dann die ersten 99 Dreiecks-

zahlen $d(n)$, die einfach die Summe der ersten n natürlichen Zahlen sind: $d(n) = \dfrac{n(n+1)}{2}$. Wie

gross ist damit allgemein die Summe $S_2(n) = \sum_{k=1}^{n} k \cdot (k+1)$?

Diese Summe kann als Summe von zwei verschiedenen Summen geschrieben werden:

$$S_2(n) = \sum_{k=1}^{n} k^2 + \sum_{k=1}^{n} k .$$

Die Summe der ersten n natürlichen Zahlen $\sum_{k=1}^{n} k$ ist seit Gauss bekanntlich gleich $\dfrac{n(n+1)}{2}$. Die

Summe der ersten n Quadratzahlen $\sum_{k=1}^{n} k^2$ ist gleich $\dfrac{1}{6} n(1+n)(1+2n)$ *. Damit wird

$S_2(n) = \dfrac{1}{6} n(1+n)(1+2n) + \dfrac{n(n+1)}{2}$. Das kann vereinfacht werden zu $S_2(n) = \dfrac{1}{3} n(1+n)(2+n)$.

Darum wird $S_2(99) = 333'300$.

In ähnlicher Weise kann $S_3(n) = 1 \cdot 2 \cdot 3 + 2 \cdot 3 \cdot 4 + 3 \cdot 4 \cdot 5 + 4 \cdot 5 \cdot 6 + ... + n \cdot (n+1) \cdot (n+2)$ berechnet

werden: $S_3(n) = \dfrac{1}{4} n(1+n)(2+n)(3+n)$. Darum ist z. B.

$S_3(98) = 1 \cdot 2 \cdot 3 + 2 \cdot 3 \cdot 4 + 3 \cdot 4 \cdot 5 + 4 \cdot 5 \cdot 6 + ... + 98 \cdot 99 \cdot 100 = 24'497'550$.

Allgemein gilt:

$$S_m(n) := (1 \cdot 2 \cdot 3 \cdot ... \cdot m) + (2 \cdot 3 \cdot ... \cdot (m+1)) + ... + (n \cdot (n+1) \cdot ... \cdot (n+m-1)) = \sum_{k=1}^{n} \left(\prod_{d=0}^{m-1} (k+d) \right)$$

Vereinfacht: $S_m(n) = \dfrac{1}{m+1} \cdot \prod_{q=0}^{m} (n+q)$, oder auch $S_m(n) = \dfrac{1}{m+1} \cdot \dfrac{(n+m)!}{(n-1)!}$.

---

*: Behauptung: $\sum_{k=1}^{n} k^2 \equiv \dfrac{1}{6} n(1+n)(1+2n) = \dfrac{n}{6} + \dfrac{n^2}{2} + \dfrac{n^3}{3}$.

Induktionsbeweis: Dies stimmt zunächst einmal für $n = 1$. Wenn es für ein gewisses m gilt, dann

wird $\left(\sum_{k=1}^{m} k^2 \right) + (m+1)^2 = \dfrac{m}{6} + \dfrac{m^2}{2} + \dfrac{m^3}{3} + (m+1)^2$, was gleich $\dfrac{m^*}{6} + \dfrac{m^{*2}}{2} + \dfrac{m^{*3}}{3}$ ist, wenn

$m^* = m+1$ ist, was den Beweis vervollständigt.

Hat die Gleichung $1^x = 7$ eine Lösung?

Prima Vista hat die Gleichung $1^x = 7$ natürlich keine Lösung, denn $1^r = 1 \neq 7$ für alle reellen Zahlen r.

Wir können aber die Zahl Eins anders schreiben: $1 = e^{i \cdot k \cdot 2\pi}$, wobei $k \in \mathbb{Z}$ sein darf. Damit wird $1^x = e^{i \cdot k \cdot 2\pi \cdot x}$. Soll dies nun gleich 7 sein, dann müssen auch die Logarithmen gleich sein. Das ergibt $i \cdot k \cdot 2\pi \cdot x = \ln(7)$, und damit wird $x = \dfrac{-i \cdot \ln(7)}{k \cdot 2\pi}$. Das sind rein imaginäre Lösungen für Werte $k \in \mathbb{Z} \setminus \{0\}$.

Was macht *Mathematica* mit diesem Problem?

```
In[1]:= Solve[1^x == 7, x]
```

Out[1]= { }

Wir werden beschieden, dass diese Gleichung keine Lösung habe.

```
In[3]:= Table[1^(-I Log[7] / (k * (2 Pi))), {k, -3, 3}]
```

$\cdots$ **Power**: Infinite expression $\dfrac{1}{0}$ encountered.

$\cdots$ **Infinity**: Indeterminate expression $1^{\text{ComplexInfinity}}$ encountered.

Out[3]= {1, 1, 1, Indeterminate, 1, 1, 1}

Irgendwie scheint 1 hoch irgendetwas für *Mathematica* immer 1 geben zu müssen!

Schreiben wir hingegen $1 = e^{i \cdot k \cdot 2\pi}$, dann wird $e^{\overbrace{i \cdot k \cdot 2\pi \cdot \left(\frac{-i \cdot \log(7)}{k \cdot 2\pi} \right)}^{=x}} = e^{\log(7)} = 7$.

Und so lässt sich auch *Mathematica* überzeugen, dass dies für ganze Zahlen $k \neq 0$ gleich 7 sein könnte:

```
In[11]:= Table[E^((I k 2 Pi) * (-I Log[7] / (k * (2 Pi)))), {k, -3, 3}]
```

$\cdots$ **Power**: Infinite expression $\dfrac{1}{0}$ encountered.

$\cdots$ **Infinity**: Indeterminate expression 0 ComplexInfinity encountered.

Out[11]= {7, 7, 7, Indeterminate, 7, 7, 7}

Folgerung: Verwende CAS–Systeme immer nur mit der nötigen Vorsicht...!

Schnittpunkte der Winkelhalbierenden im Viereck

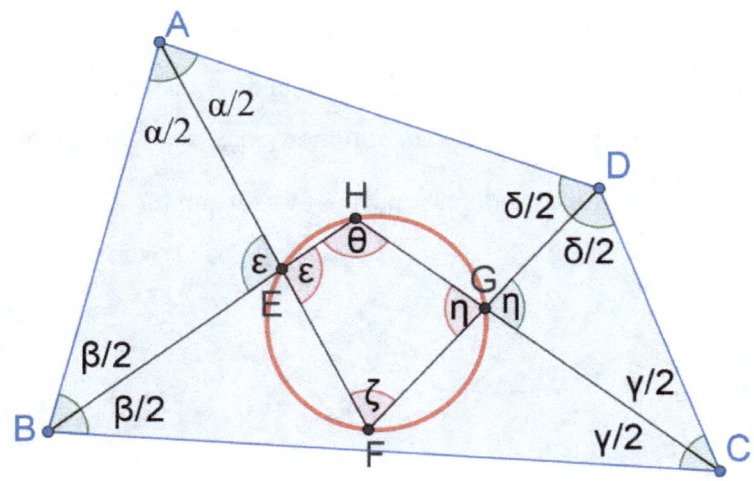

In einem beliebigen ebenen Viereck ABCD werden die inneren Winkelhalbierenden $w_\alpha, w_\beta, w_\gamma, w_\delta$ eingezeichnet. Dabei schneiden sich w_α und w_β in E, w_β und w_γ in H, w_γ und w_δ in G und w_δ und w_α in F.

Behauptung:

Das Viereck EFGH ist ein Sehnenviereck; respektive die dazu äquivalente Behauptung:

Alle diese vier Punkte EFGH liegen auf einem einzigen Kreis.

Dies gilt sogar dann, wenn das Viereck ABCD eine einspringende Ecke hat, wie dies in der nebenstehenden Figur an einem Beispiel gezeigt ist:

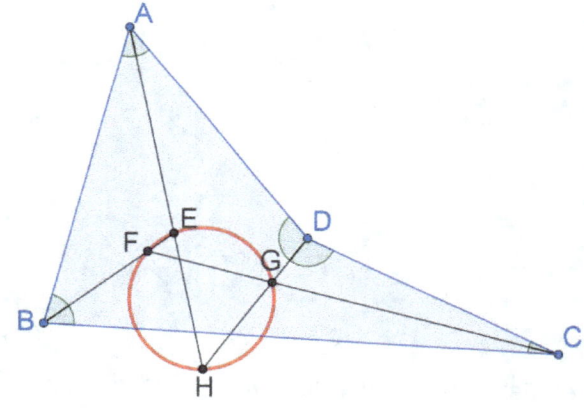

Bei einem 'Viereck', bei dem sich zwei Seiten schneiden, dürfte dies aber nicht mehr der Fall sein.

Der **Beweis** der Behauptung recht einfach (Bezeichnungen: S. erste Figur oben!):

Die Winkelsumme im Viereck ABCD ist 360°, wie in jedem Viereck: $\alpha + \beta + \gamma + \delta = 360°$. Weiter gilt wegen der Winkelsummen in den entsprechenden Dreiecken: $\zeta = 180° - \alpha/2 - \delta/2$ und $\theta = 180° - \beta/2 - \gamma/2$. Darum gilt hier für die Summe von zwei gegenüberliegenden Winkeln, z. B. von ζ und θ im Viereck EFGH: $\zeta + \theta = 360° - \underbrace{(\alpha + \beta + \gamma + \delta)}_{=360°}/2 = 180°$ (was dann natürlich auch für $\varepsilon + \eta$ gilt). Ist aber in einem Viereck EFGH die Summe von zwei gegenüberliegenden Winkeln gleich 180°, dann ist dieses Viereck ein Sehnenviereck. Jedes Sehnenviereck hat einen Umkreis. Darum liegen alle vier Punkte EFGH auf einem Kreis: Auf eben diesem Umkreis.

The Beal Conjecture

Im Jahr 1997 bemerkte der texanische Banker Andrew Beal, dass in jeder Lösung

$$(a,b,c,x,y,z) \in \mathbb{N}^6 \text{ mit } x > 2, y > 2, z > 2$$

der Gleichung $a^x + b^y = c^z$ die Zahlen a, b, c immer einen gemeinsamen Primfaktor aufweisen.

So haben z. B. die Basen $a = 9, b = 18, c = 3$ in der Lösung $9^3 + 18^3 = 3^8$ den gemeinsamen Primfaktor 3, und die Basen $a = 4, b = 16, c = 2$ in der Lösung $4^6 + 16^3 = 2^{13}$ den gemeinsamen Primfaktor 2.

Von der Website https://www.andrewbeal.com/:

Andy Beal is self-taught in numbers theory mathematics. In 1993, he publicly stated a new mathematical hypothesis that is a generalization of Fermat's Last Theorem. His theory has become known as the Beal Conjecture. The conjecture has been widely accepted as correct among the academic community.

To encourage a solution, Mr. Beal has personally funded a standing prize of $1,000,000 for the proof or disproof of the Beal Conjecture. The funds are held in trust by the American Mathematical Society, and an informational website on the Beal Conjecture is hosted by the University of North Texas.

The Beal Conjecture prize remains unclaimed.

Schön, dass Andy diesen Preis ausgesetzt hat. Eine Auszahlung würde ihm – als amerikanischer 'Billionaire' und Тяump – Supporter – wohl auch kaum weh tun...!

Hier bleibt noch Platz für Deinen Beweis:

153 Fische

Im Kapitel "153 – Die Zahl der Fische" seines wunderbaren Büchleins "Null, unendlich und die wilde 13" erläutert Albrecht Beutelsbacher die Geschichte und einige Eigenschaften dieser sehr speziellen Zahl 153. Sie geht auf eine Geschichte im Neuen Testament zurück:

Die Jünger von Jesus hatten vergeblich versucht, im See Genezareth Fische zu fangen. Da erschien ihnen der wiederauferstandene Jesus und hiess sie, noch einmal hinaus zu fahren. Und siehe da, sie kamen zurück mit einem riesigen Fang von 153 Fischen (Joh. 21, 11).

Es gibt natürlich theologische Argumente, warum dies genau 153 Fische waren; so ist 153 insbesondere die 17. Dreieckszahl: $\dfrac{17 \cdot 18}{2} = 153$. Für den Kirchenvater Augustinus setzt sich 17 zusammen aus 7, den sieben Gaben des heiligen Geistes, und aus 10, den zehn Geboten, und ist darum mit der 17. Dreieckszahl untrennbar verbunden.

Diese Zahl hat eine weitere interessante Eigenschaft: So ist sie gleich der Summe der Fakultäten der ersten fünf natürlichen Zahlen: $1! + 2! + 3! + 4! + 5! = 1 + 2 + 6 + 24 + 120 = 153$.

Etwas magisch erscheint aber eine dritte spezielle Eigenschaft dieser Zahl. Diese kommt zu Tage, wenn der folgende **Algorithmus** abgearbeitet wird:

> Schritt 1: Wähle eine beliebige, durch 3 teilbare natürliche Zahl n.
>
> Schritt 2: Bilde die Summe S der dritten Potenzen aller Ziffern von n und nenne S wieder n.
>
> Schritt 3: Wiederhole Schritt 2, bis sich n nicht mehr ändert.

Dieser Algorithmus scheint mit **jeder** zulässigen Anfangszahl n nach endlich vielen Schritten immer mit der Zahl 153 abzubrechen.

Hier die **Resultate** dieses Algorithmus für einige verschiedene Anfangswerte:

$\{114, 66, 432, 99, 1458, 702, 351, 153, 153\}$.

$\{51, 126, 225, 141, 66, 432, 99, 1458, 702, 351, 153, 153\}$.

$\{177, 687, 1071, 345, 216, 225, 141, 66, 432, 99, 1458, 702, 351, 153, 153\}$.

$\{12558, 771, 687, 1071, 345, 216, 225, 141, 66, 432, 99, 1458, 702, 351, 153, 153\}$.

Warum dies so ist, und warum dies nur mit Anfangszahlen funktioniert, die ein Vielfaches von 3 sind, scheint nicht ganz offensichtlich zu sein: Einfache Beweise sind herzlich willkommen!

Ramanujans Formel für π

Srinivasa Ramanujan (* 22. Dezember 1887 in Erode; †
26. April 1920 in Chetpet, Madras) war ein indischer Mathematiker. Er eignete sich seine mathematischen Kenntnisse autodidaktisch aus Fachliteratur an.

Seine unglaubliche Formel von für π lautet:

$$\frac{1}{\pi} = \frac{\sqrt{8}}{9801} \cdot \sum_{k=0}^{\infty} \frac{(4k)! \cdot (1103 + 26'390k)}{(k!)^4 \cdot 396^{4k}}$$

Darin erstaunen nicht nur die vorkommenden speziellen Konstanten wie 9801, 396, 1103 und 26'390, sondern die ganze Formel überhaupt! Wie kommt dieses Genie auf diese Formel, die sich übrigens bestens eignet, um Tausende von Stellen von π zu berechnen!? Jede Addition eines weiteren Summanden in dieser Summe ergibt weitere 8 korrekte Dezimalstellen von π.

In der folgenden Tabelle sind n und die ersten 65 Stellen gemäss obiger Formel angegeben, wenn die Summe von 0 nur bis n läuft:

$n = 0:$ 3.1415927300133056603139961890252155185995816071100335596565362901

$n = 1:$ 3.14159265358979387799890582630601309421664502932284887917396379 15

$n = 2:$ 3.141592653589793238462649065702758898156677480462334781 1683995956

$n = 3:$ 3.14159265358979323846264338327955273159974210420379911216703896

$n = 4:$ 3.141592653589793238462643383279502884197663818133030623976165591

$n = 5:$ 3.141592653589793238462643383279502884197169399379846832743 5125073

$n = 6:$ 3.14159265358979323846264338327950288419716939937510582 10209332424

$n = 7:$ 3.1415926535897932384626433832795028841971693993751058209749445927

$n = 8:$ 3.1415926535897932384626433832795028841971693993751058209749445923...

Nur schon der Term für $n = 0$ liefert bereits die ersten 7 Ziffern von π. Vielleicht könnten Erklärungen zu dieser gewaltigen Formel im Buch von Borwein und Borwein: "Pi and the AGM" gefunden werden.

Auf jeden Fall stehen wir hier in Ehrfurcht vor den Leistungen eines der grössten mathematischen Genies seiner Zeit!

Eine weitere Summe von Ramanujan

Ramanujan berechnete locker die folgende Summe:

$$S = \sum_{k \geq 1} \frac{1}{(4k)^3 - 4k}.$$

Wie dieses Genie das gemacht hat, bleibt sein Geheimnis. Hier folgt eine Herleitung, die auch für Normalsterbliche verständlich sein sollte:

Zunächst wird der allgemeine Summand einer Partialbruchzerlegung unterzogen:

$$S = \frac{1}{2} \cdot \sum_{k \geq 1} \left(-\frac{1}{2k} + \frac{1}{4k-1} + \frac{1}{4k+1} \right) = \frac{1}{2} \cdot \sum_{k \geq 1} \left(-\frac{1}{4k} - \frac{1}{4k} + \frac{1}{4k-1} + \frac{1}{4k+1} \right)$$

Jetzt wird gekonnt Null addiert: $0 = \frac{1}{4k+2} - \frac{1}{4k+2}$:

$$S = \frac{1}{2} \cdot \sum_{k \geq 1} \left(-\frac{1}{4k} - \frac{1}{4k} + \frac{1}{4k-1} + \frac{1}{4k+1} \underbrace{- \frac{1}{4k+2} + \frac{1}{4k+2}}_{=0} \right)$$

Diese Summe kann jetzt in zwei Summen aufgeteilt werden:

$$S = \frac{1}{2} \cdot \sum_{k \geq 1} \left(\frac{1}{4k-1} - \frac{1}{4k} + \frac{1}{4k+1} - \frac{1}{4k+2} \right) + \frac{1}{2} \cdot \sum_{k \geq 1} \left(-\frac{1}{4k} + \frac{1}{4k+2} \right)$$

Die erste Summe ergibt ausgeschrieben $\frac{1}{2} \cdot \left(\left(1 - \frac{1}{2} \right) + \frac{1}{3} - \frac{1}{4} + \frac{1}{4} - \frac{1}{5} + \ldots - \ldots - \left(1 - \frac{1}{2} \right) \right)$, und die

zweite $\frac{1}{4} \cdot \left((1) - \frac{1}{2} + \frac{1}{3} - \frac{1}{4} + \frac{1}{5} - \frac{1}{6} + \ldots - \ldots - (1) \right)$. Jetzt erinnern wir uns, dass die Reihe

$1 - \frac{1}{2} + \frac{1}{3} - \frac{1}{4} + \frac{1}{5} - \frac{1}{6} + \ldots - \ldots$ gleich $\ln(2)$ ist!

Somit wird die ganze Summe:

$$\boxed{S = \sum_{k \geq 1} \frac{1}{(4k)^3 - 4k} = \frac{1}{2} \cdot \left(\ln(2) - \frac{1}{2} \right) + \frac{1}{4} \cdot \left(\ln(2) - 1 \right) = \frac{3}{4} \cdot \ln(2) - \frac{1}{2}}.$$

Eine numerische Überprüfung ergibt: $\frac{3}{4} \cdot \ln(2) - \frac{1}{2} = 0.0198603854\ldots$, und

$\sum_{k=1}^{1000} \frac{1}{(4k)^3 - 4k} = 0.0198603776\ldots$: Das obige Resultat könnte richtig sein.

KI und Mathematik

Ein Team um Gal Raayoni vom Israel Institute of Technology hat eine Software entwickelt, die die Denk– und Arbeitsweise von Ramanujan nachahmen soll.

Dieses Programm, die "Ramanujan–Maschine", soll bereits einige neue, bis anhin unbekannte Ausdrücke für bekannte Konstanten gefunden haben: Siehe www.ramanujanmachine.com. Darunter ist auch der folgende Kettenbruch für die Euler'sche Zahl e :

$$e = 3 + \cfrac{-1}{4 + \cfrac{-2}{5 + \cfrac{-3}{6 + \cfrac{-4}{7 + ...}}}} = 3 - \cfrac{1}{4 - \cfrac{2}{5 - \cfrac{3}{6 - \cfrac{4}{7 + ...}}}}$$

Was dieses Programm gefunden hat, kann ja allenfalls richtig sein – ein Beweis ist damit aber nicht erbracht. Darum ist hier wenigstens eine numerische Überprüfung dieser Behauptung angezeigt, was obiges Resultat wenigstens plausibel erscheinen lassen würde.

Die Folge der ersten paar Näherungen sind hier wiedergegeben:

$$\left\{ \begin{array}{l} 3.0, 2.75, 2.72222222222222222, 2.71875, 2.71833333333333333, \\ 2.71828703703703703, 2.71828231292517006, 2.71828187003968254, \\ 2.71828183176562806, 2.7182818287037037, 2.71828182847595726, \\ 2.71828182846014154, 2.71828182845911211, 2.71828182845904908 \end{array} \right\}$$

Bei jeder der obigen Zahlen wurde jeweils nacheinander ein Bruchstrich mehr berücksichtigt und die Berechnung danach abgebrochen. Die letzte der obigen Zahlen entspricht den ersten 18 signifikanten Stellen des Bruchs

$$3-1/\Big(4-2/\Big(5-3/\Big(6-4/\Big(7-5/\Big(8-6/\Big(9-7/\Big(10-8/\Big(11-9/\Big(12-10/\Big(13-11/\Big(14-12/\Big(15-13/16\Big)\Big)\Big)\Big)\Big)\Big)\Big)\Big)\Big)\Big)\Big)\Big)$$

$$= \frac{3317652307271}{1220496076800} \approx 2.71828182845904908$$

Die ersten 15 Ziffern dieser Näherung stimmen mit $e = 2.71828182845904523536...$überein!

Der Kettenbruch ist im Übrigen so schön und wunderbar, dass es wirklich traurig wäre, wenn die Behauptung nicht zutreffend sein sollte!

Neuigkeiten zum Satz von Pythagoras!

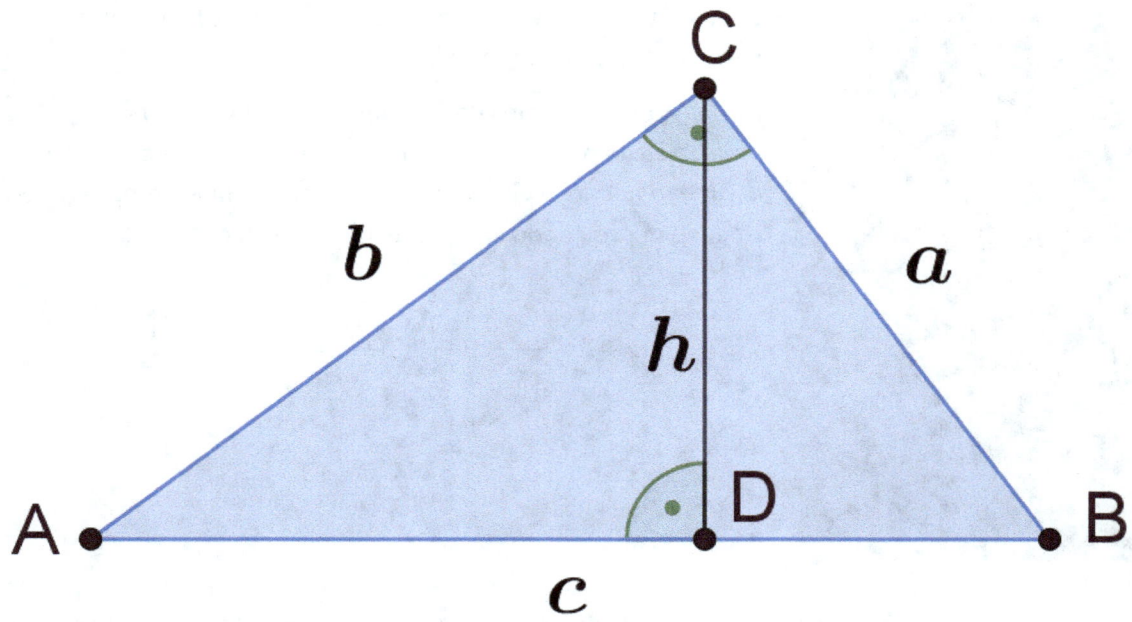

In jedem rechtwinkligen Dreieck ABC mit dem rechtem Winkel bei C gilt seit den Zeiten von Pythagoras, dass $a^2 + b^2 \equiv c^2$ ist. Weiter hat jedes dieser Dreiecke eine Höhe h, die senkrecht auf derjenigen Seite steht, die dem rechten Winkel gegenüberliegt. Etwas weniger bekannt ist die Tatsache, dass dann auch die folgende Identität gilt:

$$\left(\frac{1}{a}\right)^2 + \left(\frac{1}{b}\right)^2 \equiv \left(\frac{1}{h}\right)^2$$

So ist z. B. im Dreieck mit Seiten a = 15, b = 20 und c = 25 die Höhe h = 12. Und tatsächlich gilt hier,

dass $\left(\frac{1}{15}\right)^2 + \left(\frac{1}{20}\right)^2 = \left(\frac{1}{12}\right)^2$ ist, da $\frac{1}{225} + \frac{1}{400} = \frac{400+225}{225 \cdot 400} = \frac{625}{90'000} = \frac{1}{144}$ ist.

Wie kommt man denn auf sowas?

Der Flächeninhalt des Dreiecks ist $\frac{ab}{2}$, aber auch gleich $\frac{ch}{2}$, weshalb $c = \frac{ab}{h}$ ist. Teilen wir im Satz

von Pythagoras beide Seiten durch a^2b^2, ergibt sich $\left(\frac{a}{ab}\right)^2 + \left(\frac{b}{ab}\right)^2 = \left(\frac{c}{ab}\right)^2$. Vereinfacht wird

dies zu $\left(\frac{1}{b}\right)^2 + \left(\frac{1}{a}\right)^2 = \left(\frac{c}{ab}\right)^2$, und mit dem Ersetzen von c durch $\frac{ab}{h}$ erhalten wir die oben angegebene Identität: Nett zu wissen!

Fläche unter der Sinuskurve teilen

Die Fläche A unter der Sinuskurve von 0 bis π soll durch Geraden senkrecht zur x –Achse gedrittelt werden. Diese gesamte Fläche ist $A = \int_0^\pi \sin(x)\,dx = 2$. Also muss gelten, dass $\int_0^c \sin(x)\,dx = \dfrac{2}{3}$ ist.

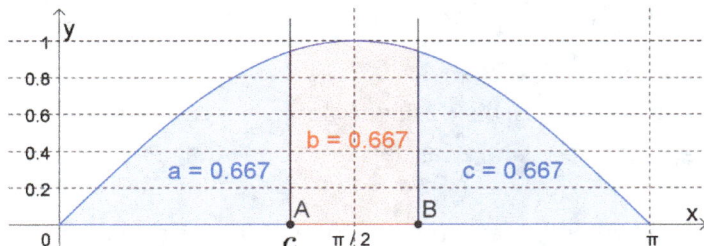

Darum muss $1 - \cos(c) = \dfrac{2}{3}$ sein, und damit wird

$$c = \arccos(1/3) \approx 1.23 \approx 70.53°.$$

Könnte die Fläche A auch durch horizontale Geraden gedrittelt werden?

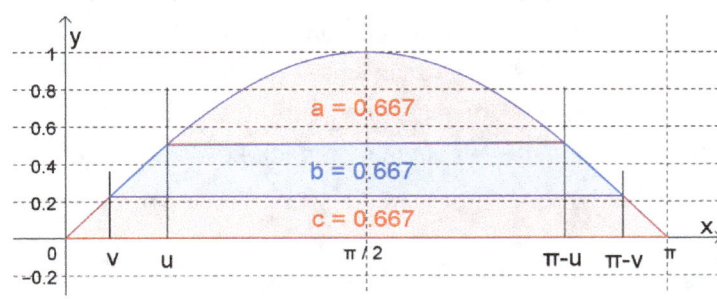

Dann müsste gelten, dass

$$\int_u^{\pi-u} \sin(x)\,dx - (\pi - 2u) \cdot \sin(u)$$ gleich

$\dfrac{2}{3}$ ist, woraus folgt, dass

$$2\cos(u) - (\pi - 2u) \cdot \sin(u) = \dfrac{2}{3}$$ sein

muss.

Diese Gleichung ist nun wieder nur angenähert numerisch zu lösen und ergibt $u \approx 0.53370 \approx 30.579°$. Analog ergibt sich $v \approx 0.231 \approx 13.24°$.

Etwas spezieller ist die Aufgabe, die Fläche unter der Sinuskurve mit einer Geraden $y = m \cdot x$ zu halbieren, wobei natürlich $0 < m < 1$ sein wird. Diese Aufgabe ist wiederum nur numerisch angenähert lösbar.

Der Schnittpunkt der Sinuskurve mit der richtigen Geraden ist an der Stelle $p \approx 2.45871 \approx 140.874°$ zu finden. Die Steigung der Geraden ist darum

$$m \approx \frac{\sin(2.45871)}{2.45871} \approx 0.25665.$$

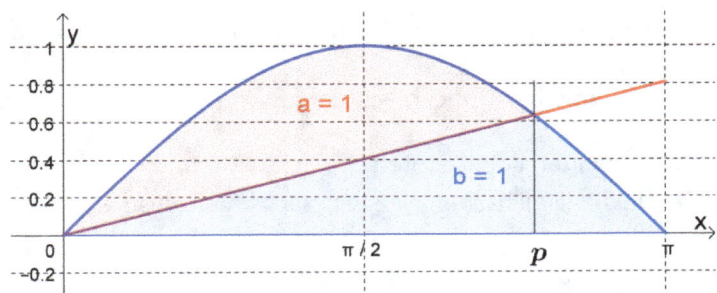

Und tatsächlich halbiert diese Gerade den Flächeninhalt unter der Sinus–Kurve praktisch wohl recht brauchbar!

Beweis des Satzes von Pythagoras durch Garfield

James Abram Garfield (* 19. November 1831; † 19. September 1881) war ein amerikanischer Politiker (Republikanische Partei) und vom 4. März 1881 bis zu seinem Tod infolge eines Attentats der 20. Präsident der Vereinigten Staaten.

Er ist der einzige amerikanische Präsident, der je einen mathematischen Satz bewiesen hat – und zwar den Satz von Pythagoras.

Für den Satz von Pythagoras existieren mehr als 300 verschiedene Beweise. Der Beweis von Garfield ist durchaus originell, weshalb er hier wiedergegeben werden soll.

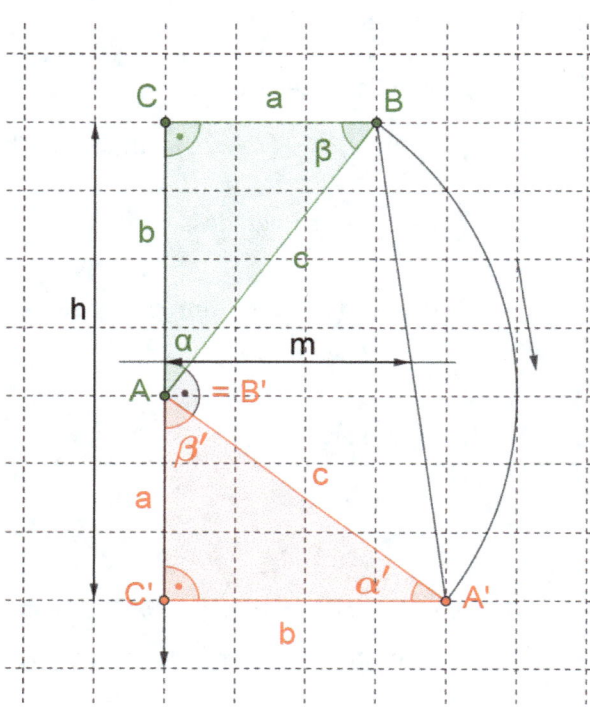

Gegeben ist ein rechtwinkliges, positiv orientiertes Dreieck ABC mit dem rechten Winkel bei C. Als Erstes wird die Seite c um den Punkt A um 90° im Uhrzeigersinn gedreht, wodurch der Punkt B auf einen neuen Punkt A' abgebildet wird. Weiter wird ein Strahl $\overrightarrow{CA}$ eingezeichnet und darauf von A aus in Strahlrichtung die Seite a abgetragen, was den neuen Punkt C' ergibt. Weil sich die Winkel α und β zu einem rechten Winkel addieren, wird der Winkel A'AC' = β' gleich dem Winkel β. Nach dem SWS–Kongruenzsatz sind darum die Dreiecke ABC und A'B'C' kongruent, und das Viereck A'BCC' ist damit ein Trapez.

Nach diesen Vorbereitungen kann zum algebraischen Teil des Beweises übergegangen werden.

Der Flächeninhalt dieses Trapezes ist einerseits gleich dem Produkt aus der der Trapezmittellinie

$m = \dfrac{a+b}{2}$ und der Höhe $h = a+b$ des Trapezes, andererseits auch gleich der Summe der Flächeninhalte der beiden kongruenten Dreiecke ABC und A'B'C', zusammen genommen mit dem Inhalt des rechtwinklig–gleichschenkligen Dreiecks A'BA. Also gilt:

$\dfrac{1}{2}(a+b) \cdot (a+b) = 2 \cdot \dfrac{ab}{2} + \dfrac{c^2}{2}$, und daraus vereinfacht: $a^2 + 2ab + b^2 = 2ab + c^2$. Oder eben:

$$\boxed{a^2 + b^2 = c^2}.$$

Wieviel Raum beansprucht ein rotierender Würfel?

Hans Ulrich Keller hukkeller@bluewin.ch

Ein Würfel mit einer Kantenlänge 1 wird um eine seiner Raumdiagonalen rotiert. Welches Volumen wird durch den dabei entstehenden Rotationskörper beansprucht?

Die Würfeldiagonalen haben alle je die Länge $\sqrt{3}$. Als Rotationsachse wählen wir die x–Achse vom Würfelpunkt $O(0,0,0)$ zum diagonal gegenüberliegenden Würfelpunkt $Z(\sqrt{3},0,0)$. Die drei nun am nächsten beim Ursprung liegenden anderen Würfelpunkte E, F und G bilden ein gleichseitiges Dreieck, welches in einer Ebene senkrecht zur x–Achse steht, wie dies aus folgender Figur 1 ersicht-

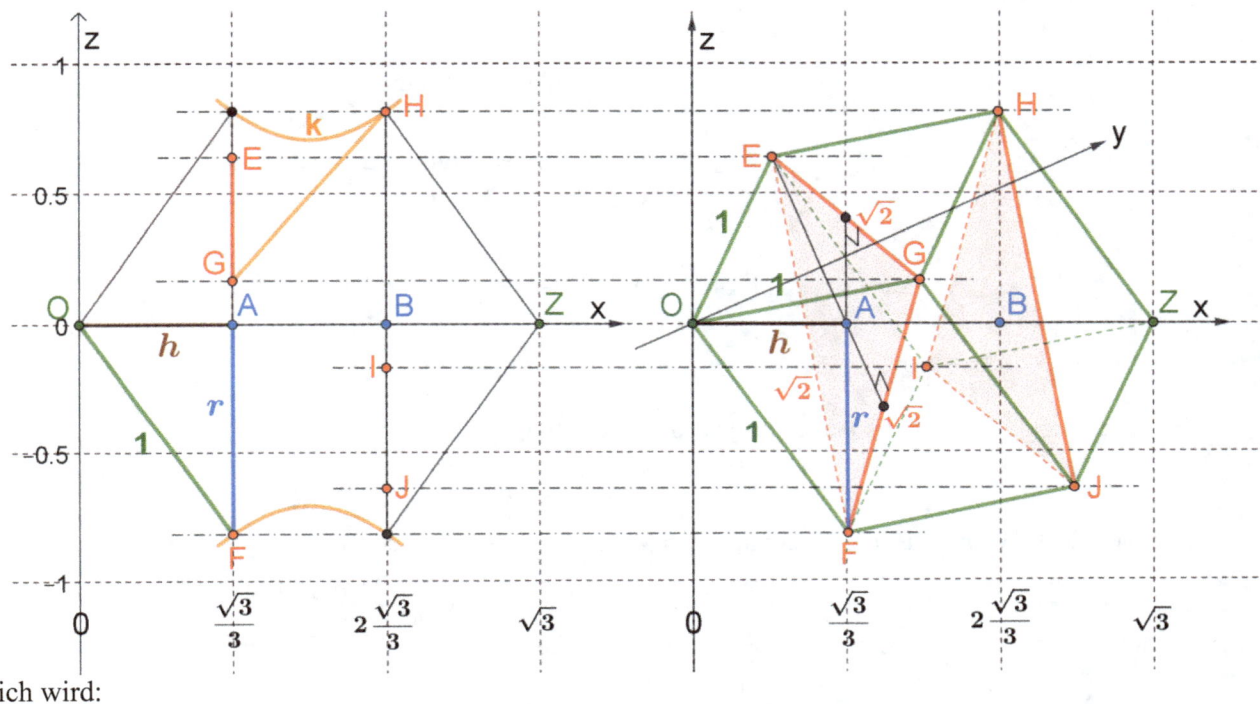

lich wird:

Fig. 1: Aufriss und räumliche Darstellung des rotierenden Würfels.

Die drei Punkte E, F und G haben untereinander einen Abstand von je $\sqrt{2}$ und je einen Abstand 1 zum Würfelpunkt O im Ursprung. Die Ebene dieser drei Punkte hat somit einen Abstand $h = \dfrac{\sqrt{3}}{3}$ zum Ursprung. Die anderen drei ebenfalls nicht auf der x–Achse liegenden Würfelpunkte H, I und J liegen in einer ebenfalls senkrecht zur x–Achse stehenden Ebene, die einen Abstand $\sqrt{3} - \dfrac{\sqrt{3}}{3} = 2\dfrac{\sqrt{3}}{3}$ vom Ursprung hat.

Der rotierende Würfelteil im ersten Drittel der Würfeldiagonale beansprucht bei der Rotation um diese Achse das Volumen eines Kegels mit der Höhe $h = \dfrac{\sqrt{3}}{3}$ und dem Radius $r = \dfrac{\sqrt{6}}{3}$, was ein Kegelvolumen von $V_1 = \dfrac{2\pi\sqrt{3}}{27}$ ergibt. Das gleiche Volumen $V_3 = V_1$ nimmt der dazu kongruente Kegel im, dritten Drittel der Diagonale ein.

Etwas schwieriger ist das Volumen des Rotationskörpers im Mitteldrittel des rotierenden Würfels zu berechnen; dieses ist durch eine Kurve begrenzt, welche in der obigen Figur 1 mit k bezeichnet wurde. Diese Kurve ist die **Einhüllende** aller Projektionen der Verbindungsgeraden von Würfelpunkten wie G und H auf die $x - z$ – Ebene.

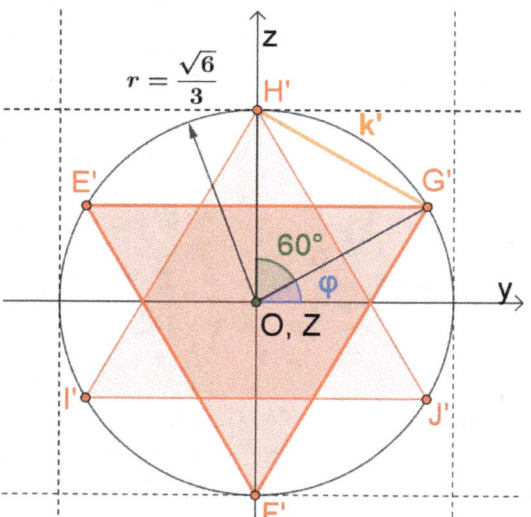

Der Punkt G hat bei der Rotation die Koordinaten

$$G\left(\frac{\sqrt{3}}{3}, r\cdot\cos(\varphi), r\cdot\sin(\varphi)\right).$$

Der Punkt H ist dabei, in Blickrichtung der x –Achse, um einen Winkel von 60° verdreht, wie das in der nebenstehenden Figur 2 dargestellt ist. Der Punkt H hat darum die Koordinaten

$$H\left(\frac{2\sqrt{3}}{3}, r\cdot\cos(\varphi + 60°), r\cdot\sin(\varphi + 60°)\right).$$

Fig. 2: Ansicht de Würfels in einer Projektion in Richtung der x –Achse.

Die Gerade GH hat z. B. die Gleichung $\vec{s} = \begin{pmatrix} \sqrt{3}/3 \\ r\cdot\cos(\varphi) \\ r\cdot\sin(\varphi) \end{pmatrix} + \lambda \begin{pmatrix} \sqrt{3}/3 \\ r\cdot(\cos(\varphi + 60°) - \cos(\varphi)) \\ r\cdot(\sin(\varphi + 60°) - \sin(\varphi)) \end{pmatrix}$. Die Pro-

jektion der Geraden GH auf die $x - z$ –Ebene ist die Gerade

$\vec{s}'' = \begin{pmatrix} \sqrt{3}/3 \\ 0 \\ r\cdot\sin(\varphi) \end{pmatrix} + \lambda\cdot\begin{pmatrix} \sqrt{3}/3 \\ 0 \\ r\cdot(\sin(\varphi + 60°) - \sin(\varphi)) \end{pmatrix} := \begin{pmatrix} x \\ 0 \\ z \end{pmatrix}$. Daraus kann durch die Elimination von

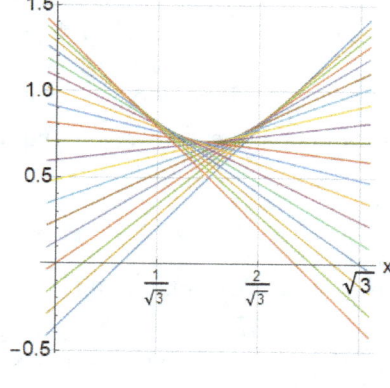

λ und mit ein paar Vereinfachungen die Geradenschar

$$z(x,\varphi) = \frac{\sqrt{2}}{2}\left(\left(-1 + \sqrt{3}x\right)\cdot\cos(\varphi) + \left(\sqrt{3} - x\right)\cdot\sin(\varphi)\right) \text{(Gl. *)}$$

gefunden werden. Ein paar dieser Geraden sind in der nebenstehenden Figur 3 für verschiedene Winkel φ wiedergegeben.

Jetzt muss die Einhüllende all dieser Geraden der Schar gefunden werden.

Dazu wird die Ableitung von $z(x,\varphi)$ nach φ gleich Null gesetzt und die entstehende Gleichung nach φ aufgelöst.

Fig. 3: Projektionen der Würfelkanten HG .

Dies ergibt den Winkel $\varphi = \arctan\left(\dfrac{\sqrt{3}-x}{\sqrt{3}\cdot x - 1}\right)$. Dieser Term kann nun für φ in der Gl. * eingesetzt

werden, was die Gleichung der Einhüllenden $z(x) = \sqrt{2}\cdot\sqrt{1 - \sqrt{3}\cdot x + x^2}$ ergibt.

Diese Einhüllende ist eine Hyperbel mit der Gleichung

$$\frac{z^2}{\left(\sqrt{2}/2\right)^2} - \frac{\left(x - \sqrt{3}/2\right)^2}{\left(1/2\right)^2} = 1\,.$$

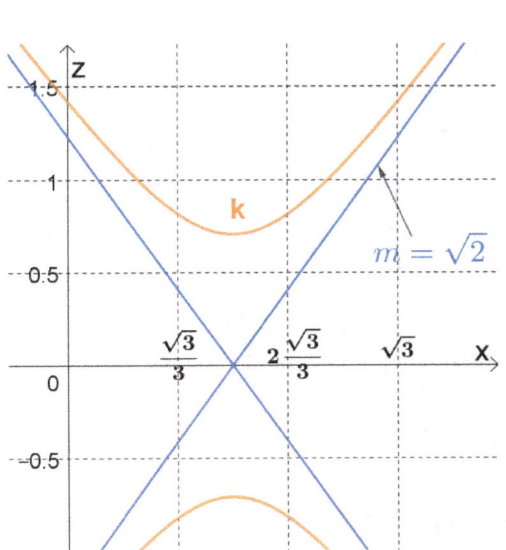

Ihr Graph ist als volumenbegrenzende Kurve des rotierenden Würfels im Intervall $x \in \left[\dfrac{\sqrt{3}}{3}, \dfrac{2\sqrt{3}}{3}\right]$ gültig.

Jetzt kann das in diesem Intervall vom rotierenden Würfel in Anspruch genommene Volumen V_2 sofort berechnet werden:

$$V_2 = \pi\cdot\int_{1/\sqrt{3}}^{2/\sqrt{3}} z(x)^2\,dx = \pi\cdot\int_{1/\sqrt{3}}^{2/\sqrt{3}}\left(2 - 2\sqrt{3}x + 2x^2\right)dx\,.$$

Dieses Integral ergibt $V_2 = \pi\cdot\dfrac{5\sqrt{3}}{27}$.

Fig. 4: Hyperbel mit ihren Tangenten.

Das gesamte vom rotierenden Würfel beanspruchte Volumen V stellt sich somit wie folgt dar:

$$\boxed{V = V_1 + V_2 + V_3 = 2\cdot\frac{2\pi\sqrt{3}}{27} + \frac{5\pi\sqrt{3}}{27} = \frac{\pi}{\sqrt{3}} \approx 1.8138}\,.$$

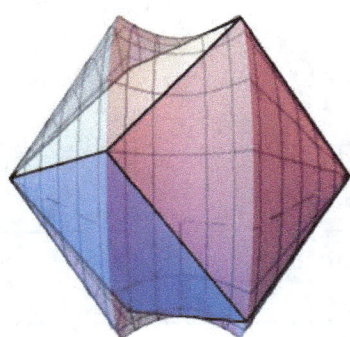

Fig. 5: Würfel mit seinem bei der Rotation beanspruchten Volumen in einer typischen Lage.

Literatur:

Bild in Fig. 5: Rob Johnson, https://math.stackexchange.com/questions/115743/question-about-a-rotating-cube.

Das Sinus–Kosinus–Tangens–Dreieck

Im Intervall $\left[0, \dfrac{\pi}{2}\right]$ bilden die Graphen der Sinus–, Kosinus– und Tangens–Funktionen eine Art Drei-

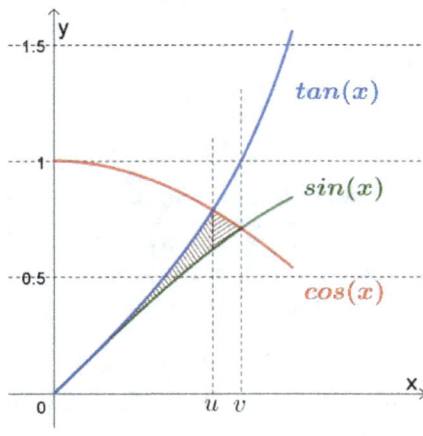

eck, das allerdings durch krummlinige Seiten begrenzt ist, wie dies aus der nebenstehenden Figur ersichtlich ist. Wie gross ist der Flächeninhalt A dieses Dreiecks?

Die Graphen der Tangens– und der Kosinus–Funktion schneiden sich an der Stelle $x = u$, die Graphen der Sinus– und der Kosinus–Funktion an der Stelle $x = v$.

Bemerkenswert ist zunächst einmal, dass sich die Graphen der Tangens– und der Kosinus–Funktionen an der Stelle $x = u$ in einem rechten Winkel schneiden: Es gilt im Schnittpunkt, dass $\tan(u) = \cos(u)$ ist, und damit wird $\dfrac{\sin(u)}{\cos(u)^2} = 1$. Für die Stei-

gungen gilt dort: $(\tan(x))'|_{x=u} = \dfrac{1}{\cos(u)^2}$ und $(\cos(x))'|_{x=u} = -\sin(u)$. Das Produkt dieser Steigun-

gen ist damit gleich $-\dfrac{\sin(u)}{\cos(u)^2}$ und damit gleich (-1): Dies ist aber eine hinreichende Bedingung

dafür, dass diese Kurven sich dort unter einem rechten Winkel schneiden.

Die Sinus– und die Kosinus–Kurven schneiden sich an der Stelle $v = \dfrac{\pi}{4}$, und die Tangens– und die

Sinus–Kurven schneiden sich im Ursprung. Wo schneiden sich die Tangens– und die Kosinus–Kurven?

Aus $\tan(x) = \cos(x)$ folgt $\sin(x) = \cos(x)^2$ und daraus die biquadratische Gleichung

$1 - \cos(x)^2 = \cos(x)^4$ für $\cos(x)$ mit der Lösung $x = v = \arccos\left(\sqrt{\dfrac{\sqrt{5}-1}{2}}\right) \approx 0.666239$.

Die gesamte Dreiecksfläche A ist gleich der Summe aus zwei Teildreiecksflächen:

$A = \displaystyle\int_0^u (\tan(x) - \sin(x))\, dx + \int_u^v (\cos(x) - \sin(x))\, dx$, was gleich der Summe aus

$\sqrt{\dfrac{\sqrt{5}-1}{2}} + \dfrac{\operatorname{arccosh}(2)}{2} - 1$ und $\sqrt{2} - \dfrac{\sqrt{5}}{2} - \sqrt{\dfrac{\sqrt{5}-1}{2}} + \dfrac{1}{2}$ ist. Zusammengefasst ergibt dies

$$\boxed{A = \dfrac{\operatorname{arccosh}(2)}{2} + \sqrt{2} - \dfrac{\sqrt{5}}{2} - \dfrac{1}{2} \approx 0.036785.}$$

P.S.: Die Seitenlängen messen übrigens angenähert 0.98291 auf der Tangenskurve, 1.0581 auf der Sinus–Kurve und 0.14302 auf der Kosinuskurve.

Teilen einer Strecke

Gegeben ist eine Strecke AB, die durch einen Teilpunkt T auf der Geraden AB geteilt werden soll. Liegt dieser Teilpunkt zwischen A und B, dann sprechen wir von einer **inneren** Teilung, sonst von einer **äusseren** Teilung. Zu jedem Teilpunkt gehört in umkehrbarer Weise genau ein Teilverhältniswert v. Um diesen Teilverhältniswert v zu definieren, legen wir eine gerichtete x–Achse von A nach B. Dann bekommen die Punkte A, B, T die x–Koordinaten x_A, x_B, x_T. Der Teilverhältniswert, unter dem T die Strecke AB teilt, ist dann definiert als

$$v := \frac{x_T - x_A}{x_T - x_B} \left(= (\pm)\frac{\overline{TA}}{\overline{TB}} \right).$$

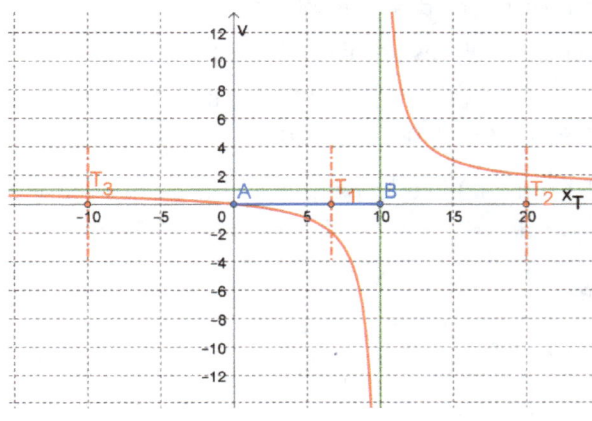

Mit dieser Definition wird klar, dass das Teilverhältnis bei einer inneren Teilung negativ wird. Liegt der Teilpunkt T bei einer äusseren Teilung der Strecke AB näher bei A, gilt $0 < v < 1$, liegt er näher bei B, gilt $1 < v < \infty$. Dies ist in der links stehenden Figur wiedergegeben, in welcher eine Strecke AB der Länge 10 durch den Teilpunkt T_1 von innen im Verhältnis $(-2):1$, durch T_2 von aussen im Verhältnis $2:1$ und durch T_3 ebenfalls von aussen im Verhältnis $\frac{1}{2}:1$ geteilt

wird. Verhältniswerte von 1_- und 1_+ entsprechen unendlich fernen Teilpunkten. Ist $v = 0$, fällt der Teilpunkt mit dem Punkt A zusammen; fällt der Teilpunkt mit dem Punkt B zusammen, dann ist der Verhältniswert v nicht definiert.

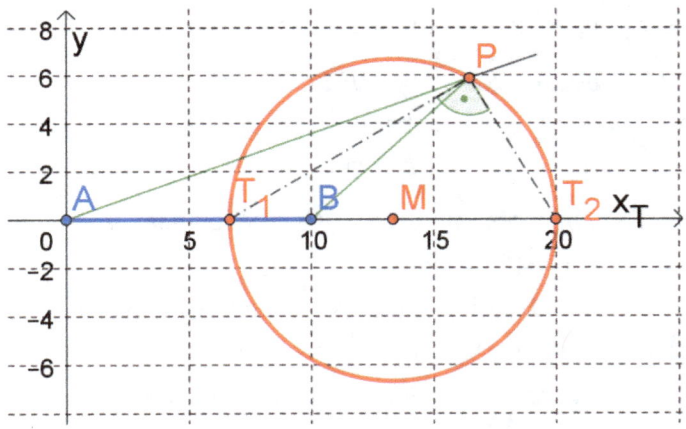

Wird eine Strecke AB von innen und von aussen mit $\pm$ dem gleichen Verhältniswert geteilt, dann ist diese Strecke mit dem Verhältniswert $|v|$ **harmonisch** geteilt. Der Kreis mit dem Durchmesser T_1T_2 ist der **Apolloniuskreis** für diesen Verhältniswert; er enthält alle Punkte P, für die

$$\frac{\overline{PA}}{\overline{PB}} = |v|$$ ist. Zur Begründung: Die Winkelhalbierenden eines Dreieckswinkels

teilt die gegenüberliegende Seite im Verhältnis der anliegenden Seiten von innen resp. von aussen! In der Figur oben ist der Apolloniuskreis für eine Strecke AB der Länge 10 und dem Verhältniswert $v = 2$ wiedergegeben.

Stetige Teilung einer Strecke

Eine Strecke AB soll durch einen Teilpunkt T auf dieser Strecke von innen so geteilt werden, dass die Länge der ganzen Strecke L zur Länge des grösseren Teilstückes M im gleichen Verhältnis steht wie M zu $L - M$. Ist dies der Fall, dann heist diese Strecke AB durch T **stetig geteilt**.

Die Gleichung $L : M = M : (L - M)$ hat die einzige positive Lösung $\dfrac{M}{L} = \dfrac{\sqrt{5} - 1}{2} := \varphi \approx 0.618$. Die grössere Teilstrecke M heisst auch *Major*, und die kleinere $m := L - M$ auch *Minor*. Diese Teilung heisst darum "stetig", weil nun auch $M : m = m : (M - m)$ ebenso gilt wie $(L + M) : L = L : M$, wie man dies leicht zeigt…!

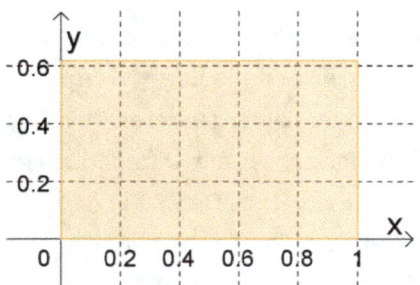

Das Verhältnis φ heisst auch das "Verhältnis des goldenen Schnitts". Rechtecke, die dieses Verhältnis von Breite zu Länge aufweisen, gelten als besonders schön. In der Figur links ist ein solches goldenes Rechteck wiedergegeben.

Eine Strecke AB kann mit vielerlei geometrischen Konstruktionen stetig geteilt werden. Eine der einfachsten ist in der folgenden Figur wiedergegeben. Die Konstruktion erklärt sich selber. Im rechtwinkligen Dreieck ABM gilt, dass

$$\left(M + \frac{1}{2}\overline{AB} \right)^2 = \overline{AB}^2 + \left(\frac{1}{2}\overline{AB} \right)^2$$

ist, woraus folgt, dass gilt:

$$M = \overline{AB} \cdot \frac{\sqrt{5} - 1}{2}.$$

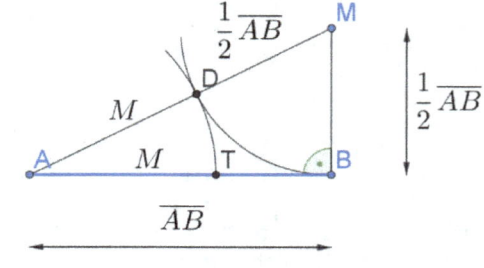

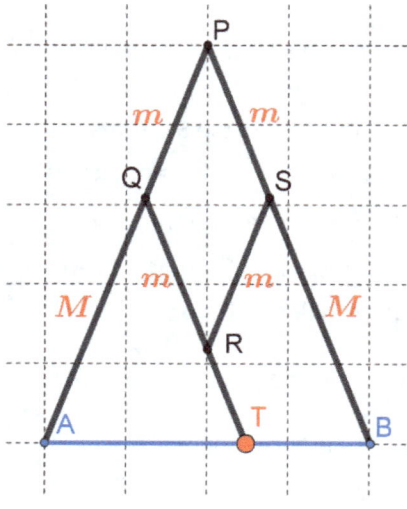

Interessant ist der Goldene Zirkel, der es erlaubt, jede beliebige Strecke sofort im goldenen Schnitt zu teilen.

Er besteht aus zwei langen Stäben PA und PB, die in ihren einen Endpunkten P schwenkbar miteinander verbunden sind. Die Punkte Q und S sind die stetigen Teilpunkte dieser Stäbe, mit $\overline{PQ} = \overline{PS} = m$, dem Minor der ganzen Stablänge. In diesen Punkten sind zwei weitere, kleinere Stäbe der Länge m schwenkbar verbunden, die ihrerseits im Punkt R wiederum schwenkbar verbunden sind. Die Verlängerung der Strecke QR QR auf eine Länge M, den Major der ganzen Stablänge, endet im Punkt T, welches der Teilpunkt der Strecke AB ist.

That's it, folks! If you liked it, let me know: hukkeller@bluewin.ch.

* 9 7 9 8 8 6 0 2 6 3 2 0 8 *